国家级职业培训规划教材 人力资源社会保障部职业能力建设司推荐

专项职业能力考核培训教材

垃圾分类处置

本书编委会　组织编写

U0364782

中国劳动社会保障出版社

图书在版编目（CIP）数据

垃圾分类处置 / 本书编委会组织编写. -- 北京：中国劳动社会保障出版社，2023
专项职业能力考核培训教材
ISBN 978-7-5167-6066-6

Ⅰ. ①垃… Ⅱ. ①本… Ⅲ. ①垃圾处理-职业培训-教材 Ⅳ. ①X705

中国国家版本馆 CIP 数据核字（2023）第 226337 号

中国劳动社会保障出版社出版发行
（北京市惠新东街 1 号 邮政编码：100029）
*
北京市白帆印务有限公司印刷装订 新华书店经销

787 毫米 ×1092 毫米 16 开本 12.75 印张 229 千字
2023 年 12 月第 1 版 2023 年 12 月第 1 次印刷
定价：35.00 元

营销中心电话：400-606-6496
出版社网址：http://www.class.com.cn

本书编审人员

主　编：钱卫泽　庄凌峰　杨松伟

主　审：陈庆华　吴盛雄　陈英存

编　者：张　瑛　朱成辉　袁周凡　吴　浩　黄厚新　阮华效

张宗正　兰亚军　曾佑华　欧丽彬　余呈山　蒋丹婷

前 言

职业技能培训是全面提升劳动者就业创业能力、促进充分就业、提高就业质量的根本举措，是适应经济发展新常态、培育经济发展新动能、推进供给侧结构性改革的内在要求，对推动大众创业万众创新、推进制造强国建设、推动经济高质量发展具有重要意义。

为了加强职业技能培训，《国务院关于推行终身职业技能培训制度的意见》（国发〔2018〕11号）、《人力资源社会保障部　教育部　发展改革委　财政部关于印发“十四五”职业技能培训规划的通知》（人社部发〔2021〕102号）提出，要完善多元化评价方式，促进评价结果有机衔接，健全以职业资格评价、职业技能等级认定和专项职业能力考核等为主要内容的技能人才评价制度；要鼓励地方紧密结合乡村振兴、特色产业和非物质文化遗产传承项目等，组织开发专项职业能力考核项目。

专项职业能力是可就业的最小技能单元，劳动者经过培训掌握了专项职业能力后，意味着可以胜任相应岗位的工作。专项职业能力考核是对劳动者是否掌握专项职业能力所做出的客观评价，通过考核的人员可获得专项职业能力证书。

为配合专项职业能力考核工作，我们组织有关方面的专家编写了本套专项职业能力考核培训教材。教材严格按照专项职业能力考核规范编写，内容充分反映了专项职业能力考核规范中的核心知识点与技能点，较好地体现了适用性、先进性与前瞻性。相关行业和考核培训方面的专家参与了教材的编审工作，保证了教材内容与考核规范、题库的紧密衔接。

专项职业能力考核培训教材突出了适应职业技能培训的特色，不但有助于读者通过考核，而且有助于读者真正掌握相关知识与技能。

教材编写是一项探索性工作，由于时间紧迫，不足之处在所难免，欢迎各使用单位及读者对教材提出宝贵意见和建议，以便教材修订时补充更正。

本书编委会

序

本教材根据垃圾分类处置专项职业能力考核规范要求编写，主要适用于运用或准备运用本项职业能力求职、就业的人员以及生活垃圾运营管理人员的培训工作。教材从垃圾分类处置专项职业能力的应知应会入手，围绕“会宣传、会检查、会督导、会管理”四项要求，并在每个培训任务后附有测试题。通过对本教材的学习，学员能够掌握生活社区垃圾分类的宣传技能、操作技能、督导技能以及管理技能，可有效促进垃圾分类的规范化、标准化和时效化管理。

本教材的编审人员由长期从事垃圾分类研究的学者、志愿者等组成。我们在编写过程中运用管理学知识，结合一线垃圾分类管理实践经验，调研了厦门、上海、深圳等地垃圾分类经验做法，参阅了大量线上、线下文献资料。

本教材在编写过程中，得到福建师范大学、福建理工大学、福建省社区发展协会、福建省环保志愿者协会、福建省标准化协会、福州市鼓楼区城市管理局、福州市再生资源行业协会等单位的大力支持与协助，在此表示衷心感谢。

教材编写是一项具有探索性的挑战工作，由于编者视野角度、水平能力的限制，教材难免存在不足、疏漏，恳请读者指出，并提出宝贵意见和建议，以便在教材修订时补充完善。

本书编审人员

目　录

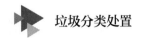

培训任务 3　垃圾分类工作标准

培训任务 4　垃圾分类项目管理方法及案例

培训任务 1

垃圾分类背景宣传常识

培训目标

- 了解我国垃圾处置历史。
- 了解垃圾分类政策背景和规划。
- 了解发达国家开展垃圾分类的经验。
- 了解垃圾分类与生态环境保护之间的关系。
- 了解垃圾分类的意义。

学习单元 1

我国垃圾分类发展历程

一、垃圾处置历史

垃圾是失去使用价值、无法利用的废弃物品，是物质循环的重要环节。垃圾的产生可追溯到游牧社会时期，当时的生活形态主要是狩猎、采摘（含后期的种植、养殖）、消费，产生的少量动植物残渣等有机垃圾随地抛撒，构成自然物质循环消纳模式。进入农耕社会，随着定居场所的不断延伸扩大，街道出现了。于是，人们产生的垃圾或随意倾倒在房前屋后，或由饲养的猪、牛等家畜和鸡、鸭等家禽将其中的有机物吃掉（排泄物可还田作为有机肥使用）。从对自然界的影响而言，农耕社会所形成的垃圾直接进入自然物质循环消纳模式，对生态环境基本不产生负面的影响。

在殷商时期，统治者为了便于管理城市，出台了处理垃圾的严刑峻法，正如《韩非子》所记载的，“殷之法，弃灰于公道者断其手”，灰是指垃圾。

在西周时期，垃圾清理这项工作已记录在史料中。《日知录 · 街道》记载，“古之王者，於国中之道路则有条狼氏，涤除道上之狼扈，而使之洁清”。涤是洗涤的意思，狼扈是指散乱之物。因此，条狼氏的职责就是清除街道上的垃圾，保持城市环境清洁。条狼氏是有史料记载的最早负责垃圾清理工作的人员。

在战国时期，秦国对于乱丢垃圾的处罚相当严苛。《汉书 · 五行志》中记载，“秦连相坐之法，弃灰于道者黥”，意思是对于在大街上乱扔垃圾的人，要在其脸上刺字作为处罚。现代考古研究发现，当时的人们在废弃的窖穴、水井或建筑取土后的凹坑中倾倒垃圾，且垃圾经过了焚烧。

在汉代，“变废为宝”的理念已形成，出现了粪种回收堆肥等“变废为宝”的实践活动。例如，当时有一种分为上、下两层的猪舍，上层为人的厕所，下层用来圈养猪，人的排泄物在下层与其他垃圾混合在一起，由猪踩踏后进行发酵，最终用作农业肥料。这种猪舍不仅能减少垃圾，还能产生农业肥料，起到一举两得的作用。

在唐代，对于乱扔垃圾行为，已经出现了追责性质的法律规定。正如《唐律疏议》所记载的，“其穿垣出秽污者，杖六十；出水者，勿论。主司不禁，与同罪”。解释如下：对于在街道上直接扔垃圾的人，罚六十大板，倒水的人除外；如果执法者看见有人乱扔垃圾而不制止，则一并处罚。这种规定反映了当时统治者对公共环境的爱护，这是环保意识的萌芽。当时，在民间还出现了垃圾分类利用的经营活动。《太平广记》中记载，“唐裴明礼，河东人。善于理生，收人间所弃物，积而鬻之，以此家产巨万”。

宋代是中国历史上城市繁荣发展的一个时期，如开封、临安（今杭州）等都是闻名于世的大都市。由于城市不断扩大，商业日渐发达，因此产生了更多的垃圾。当时，朝廷专设街道司，招募“环卫工人”，月薪“钱二千，青衫子一领”，其职责包括整修道路、疏导积水、打扫街道等。在开封、临安等地，每天都有几百位“环卫工人”打扫街道、收集垃圾。在“环卫工人”不足的紧急情况下，朝廷还会调派士兵进行补充。《梦粱录》中记载，“人家甘泔浆，自有日掠者来讨去。杭城户口繁夥，街巷小民之家，多无坑厕，只用马桶，每日自有出粪人瀽去，谓之倾脚头”。可以看出，当时无论是厨余泔水还是排泄物，都专门有人回收。而且每逢春天，官府还会定期安排专人疏通沟渠，清理道路污泥。正如《梦粱录》所记载的，“遇新春，街道巷陌，官府差雇淘渠人沿门通渠；道路污泥，差雇船只搬载乡落空闲处”。

在明清时期，对乱扔垃圾行为人的处罚力度比唐代要轻。《大明律》记载，“其穿墙而出秽污之物于街巷者，笞四十”。《大清律例》记载，“如有穿墙出秽物于道旁及堆积作践者，立即惩治”，此时已没有具体的处罚规定。但是，垃圾清理工作仍然有人专门负责。明清时期民间流传一句俗语，“臭沟开，举子来”，描述的是每当春天来临时，官府开始组织人员清理城市的排水系统，此时正逢各地的举人进京参加科举。这说明，每年开春之后，疏浚城市排水系统已经成为当时城市治理的一项规定工作。在光绪年间，朝廷专门设置了“清道夫”这一官职，由其负责打扫街道上的炉灰等垃圾。至于废物回收工作，也更为具体。各种废物会按不同种类被分拣，有的被运到农村作为肥料，有的被回收后制作成新物品。

在民国时期，中国的城市格局已经基本形成，各地城区的垃圾基本上由专门的工作人员（如清道夫）进行收运、倾倒、处置。1928 年 1 月 28 日，《申报》刊登题为

《中外市政当局讨论处置垃圾办法》的新闻报道（见图 1–1），阐述了垃圾分类的构想。当时的垃圾处置（焚烧）已考虑到不同种类垃圾的区分，以及后续的处理方案。1946 年 4 月 1 日，《申报》刊登关于“垃圾分类”明确规划的新闻报道，并把城市垃圾分为五大类：动物类像骨头等，植物类像菜根、树皮等，布条纸屑类，铁罐废听类，煤渣泥灰类。

◉中外市政當局討論處置垃圾辦法

江海關理船廳張生君前因對於本埠傾倒垃圾於河中事、曾於日前召集英法兩工部局工程處長、上海特別市衛生局長胡鴻基・工務局長沈怡・浚浦局代理總工程師查利・交涉公署秘書張似旭・等會議、張君報告開會宗旨、並謂今亟須籌各當局在一公用地點上、公共採用火焚之計劃、則河中之垃圾船可減少、而垃圾不致傾棄於河中矣、即據英工程處長夏珀君謂、此問題爲一經濟問題、以彼之計算、上海各方每日所出之垃圾、計由一千至一千五百噸、此外傾於河中之菜蔬物質、殊屬不尠、垃圾之焚化、最新之市政府、甚鮮做用、惟對於公共租界至少須設焚燬機三處、然所需基金、爲規銀一百萬、其工作之費用、亦須增加、餘如垃圾之分類及灰爐之處置、仍須解決、彼意亦以垃圾無須由水道裝運、但爲經濟所迫耳、如欲減去此弊、須改善其法云云、法工程處長佛歇亞君謂、彼計算法租界如用火焚機、需銀一百萬元、而運輸費亦增、現正計劃試驗中、胡局長謂、衛生方面、火焚最爲合宜、且可減滅蒼蠅蟲類、沈博士謂、現在計劃有四、㈠焚化、㈡拋置海中、㈢在沿鐵路泥塘內傾放、㈣將垃圾傾置法改善之、前三項、因經濟關係、難於施行、目前可行者、則爲末項、張秘書代胡沈兩博士謂、上海市政府對於實際可行者、亟須協力合作、至希望上海三商之建議、亦甚關緊要、河泊司査君再謝來賓、深望埠市政當局對於上述之事、共同商議、至於夏珀君提議理船廳所附設垃圾堆之事、在座者皆爲贊成、並贊成日後仍須繼續討論、隨舉散會、

图 1–1　1928 年 1 月 28 日《申报》新闻报道

1949 年以后，每个里弄街道都建有垃圾收运集中点，群众对垃圾进行定点投放，并由专人将垃圾拉到指定的中转站，再由政府集中运输到周边指定地点进行填埋或焚烧。

二、1949 年后的新探索

1. 社会主义革命和建设时期（1949 年 10 月—1978 年 12 月）

1949 年 10 月，中华人民共和国刚成立，彼时国内资源匮乏、生产力落后，一些生产物资、生活物资需要凭票证供应。部分生活物资供应票证如图 1–2 所示。在这个大背景下，为了解决社会主义工业发展的资源和资金问题，中央人民政府大力倡导勤俭节约、废旧利用、艰苦奋斗，提出向“破烂”要资源的发展战略。当时，将垃圾中的再生资源回收再利用帮助我国度过资源贫乏期，推动我国初级工业化进程。

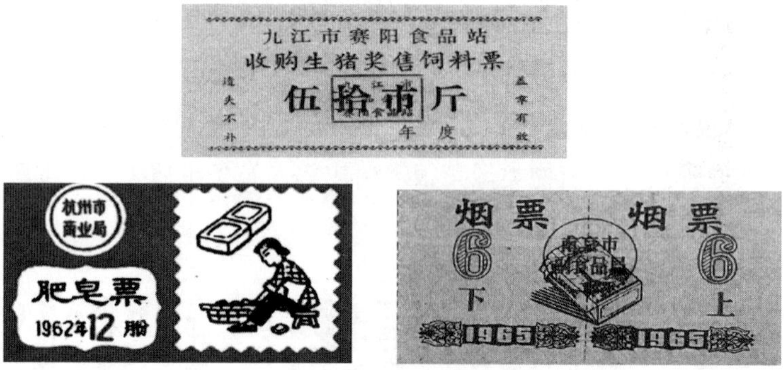

图 1–2　部分生活物资供应票证

1955 年 10 月 2 日，在北京的中山公园举办了一场“改进环境卫生展览会”，《北京日报》相关新闻报道指出，“这个展览会主要介绍了实行垃圾分类处理对于改进环境卫生和为国家积累资金的好处”。展览会上的大幅标语写着：“为了进一步改善环境卫生，为国家增产节约，我们应该实行垃圾分类处理和改进燃煤工作。”1955 年 10 月 20 日，《北京日报》2 版的《垃圾里有的是财富》一文对该展览会再次进行介绍。《北京日报》关于垃圾分类的两篇新闻报道如图 1–3 所示。

北京市档案馆记载，1956 年 3 月，北京市宣武区（已撤销，现属于西城区）白纸坊街道办事处的五个居民委员会（简称居委会）、约 2 810 户居民于 22 日率先开始垃圾分类。第一天，当地组织抽查 1 125 户的分类情况，其中 940 户分类很好，142 户未分清。未分清的原因包括：垃圾箱内有残存的未分类垃圾、未准备好垃圾箱、记错分类时间，另有少数人不重视或不习惯。经过指导，第二次抽查时，全部分清户已占 90% 以上。此后，北京市各城区陆续实行垃圾分类。人们在改变将垃圾混合倒在一起的老习惯的同时，还创造了许多管理垃圾站的办法。有的居委会采用“按站定户、专人负责”或按门牌轮流保管公用垃圾箱的办法，有的居委会采用按时摇铃或吹哨由居民拿出垃圾集中投放的办法。

根据上海地方史料记载，20 世纪 50 年代，上海在试点地区将原有的垃圾箱一隔为二，或另外放置一个垃圾箱，并在垃圾箱上注明倾倒哪一类垃圾，要求居民将菜叶、煤球灰等分开倾倒。当时废品站的回收品类五花八门，从头发、橘子皮、鸡毛、鸡肫、鸭毛、鸭肫、甲鱼壳、锡管、牙膏皮、酒瓶、铁丝铁皮、废铜、书报纸张到织物，应收尽收，充分利废。而菜叶、果皮等有机物则积肥归田。当时，我国人均垃圾不足每天 0.15 千克，居民大都有了垃圾分类回收的意识。

在制度保障方面，当时我国除了建立国营四级废品回收渠道，还落实生产者责任延伸制度，要求所有生产企业开展废品回收工作，如推广以旧换新活动，牙膏、电池、酒瓶都可以以旧换新。除了废品回收网点之外，各个商品零售店也开展以旧换新的回收工作，从而保证群众参与废品分类回收工作的便捷性。

本市改進环境衛生展覽会在中山公園展出

【本報訊】北京市「改進环境衛生展覽会」自本月二日在中山公園内衛生教育館開幕以來，已有一万四千多人前去參观。

这个展覽会主要介紹了实行垃圾分類处理对於改進环境衛生和为國家積累資金的好处。内容分三部分：第一部分是本市垃圾处理的情况；第二部分是改進燃煤工作的重要性；第三部分是垃圾分類收集的意义。展覽会用圖片和实物將这三部分内容作了詳細介紹。

垃圾分類处理將要在本市逐步实行。展覽会上还提出了在实行垃圾分類收集時对市民的要求。这就是：希望市民以門牌为單位組織起來，預备兩个垃圾箱，分別裝垃圾，將廢品收集在一起等合作社來收買，要遵守街道收运垃圾的制度和時間；設法改良爐火，改進燒煤方法。

观众参观了展覽会以後，对分類处理垃圾的办法表示熱烈欢迎。住在西單區宋英胡同派出所管界的張慧琴在意見簿上寫道：「我很贊成垃圾分類处理的办法，我一定帶動羣众搞好这一工作。」这个展覽会的展覽時間为一个月。

垃圾裏有的是財富

图 1-3 《北京日报》关于垃圾分类的两篇新闻报道

垃圾分类回收不但大大改善人们的居住和生产环境，也对社会主义建设起到一定的物资保障作用。

2. 改革开放和社会主义现代化建设新时期（1978 年 12 月—2012 年 11 月）

1978 年底我国开始实行改革开放，大力提倡市场经济，虽然当时物资比之前丰富很多，人们消费水平也突飞猛进，但资源过度开发，生活废弃物呈几何式增长，人们的消费观更是不断变化，垃圾分类、废品回收慢慢被人们淡忘。20 世纪 90 年代初期，下海创业的热潮到来，由于废品回收是现金交易且存在一定差价，加之入行门槛低，因此废品回收渠道很快就被个人承包，废品回收出现个体户经营模式。此后，国营废品回收企业逐步退出废品回收市场，留下来的回收网点、场站作为房产出租产生了丰厚的收入，使国营废品回收企业失去了重操旧业的动力。到了 20 世纪 90 年代后期，部分走街串巷回收废品的个体户逐步完成原始积累，开始向分拣中心、后端再生资源加工领域发展，逐步形成了包含上门回收、网点回收、分拣加工以及集散中心在内的成体系的个体废品回收产业链。

物资迅猛发展给废弃物回收带来商机的同时，也给环境带来负面影响。出于对环境的保护，一些地方政府开始探索垃圾分类处置的途径，下面介绍几个标志性垃圾分类实践探索事件。

1984 年，为了解决垃圾围城影响生态环境的问题，上海市人民政府重新开始倡导居民对垃圾进行分类收集，如进行可做农肥垃圾和不可做农肥垃圾的二分法试点。试点要求居民把日常生活产生的煤灰、菜皮等可做农肥的垃圾与碎玻璃、铁皮等不可做农肥的垃圾分开，并分别倒入不同的垃圾收集容器，其中可做农肥的垃圾让农民接收。

1993 年，北京市制定《北京市城市市容环境卫生条例》，提出“城市生活废弃物逐步实行分类收集”的要求，并推行生活垃圾塑料袋封装、定点投放、大桶收集的分类收集方式，避免垃圾通道被堵塞、垃圾散发气味和招引蚊蝇。到 1996 年底，全市有 61 万户居民和 1 万多家单位实行了垃圾袋装、单桶投放的回收模式。

1995 年，上海首先提出对生活垃圾进行无害化、减量化、资源化处置，并在曹杨五村开展了生活垃圾分类收集的试点工作。1997 年，上海进一步采用有机垃圾、无机垃圾、有害垃圾三分法进行小规模生活垃圾分类收集试点。

1996 年，在北京市政府的指导下，西城区大乘巷社区开始建设垃圾分类试点社区。300 多户居民家庭的厨房都摆放 4 个垃圾袋，分别装废塑料、废玻璃、废电池和废纸。居委会还出资购买 12 个红色大塑料桶，放在居民楼前后，方便居民出门时将垃圾袋扔进桶里。后来，有人将这个小院誉为“垃圾分类第一院”。

1999 年 4 月 23 日，北京首个垃圾分类回收系统——原宣武区环卫局再生资源分选站在白纸坊街道投入运行。同年，上海市人民政府发布《关于加强本市环境保护和建设若干问题的决定》，将垃圾分类纳入环境保护和建设的重要工作中，这标志着上海市垃圾分类推进工作正式进入政府层面。此时，上海推行有机垃圾、无机垃圾、有毒有害垃圾的三分类法，并对废电池、废玻璃进行专项分类回收。

2000 年，原建设部印发《关于公布生活垃圾分类收集试点城市的通知》，确定将北京、上海、广州、深圳、杭州、南京、厦门、桂林 8 个城市作为生活垃圾分类收集试点城市，正式拉开改革开放后垃圾分类收集试点工作的序幕。

为了更好地开展垃圾分类工作，我国在 2003 年至 2008 年期间先后出台相关政策。2003 年发布的国家标准《城市生活垃圾分类标志》（GB/T 19095—2003，已作废），将生活垃圾分为可回收物、有害垃圾和其他垃圾三类，并规定这三类垃圾的标志。2004 年，原建设部发布行业标准《城市生活垃圾分类及其评价标准》（CJJ/T 102—2004），该标准详细规定了垃圾分类评价指标。2007 年 4 月，原建设部发布《城市生活垃圾管理办法》，明确规定在城市生活垃圾实行分类收集的地区，单位和个人应当按照规定分类投放生活垃圾。2008 年发布的国家标准《生活垃圾分类标志》（GB/T 19095—2008，已作废），将生活垃圾分为可回收物、有害垃圾、大件垃圾、可堆肥垃圾、可燃垃圾及其他垃圾六大类。

2011 年，上海启动“百万家庭低碳行，垃圾分类要先行”分类减量活动，提出以 2010 年的数据为基数，逐年减少人均生活垃圾处理量，到 2015 年减少 20%。

3. 中国特色社会主义新时代（2012 年 11 月至今）

（1）背景。在 40 多年的市场经济发展过程中，我国居民人均可支配收入从 1978 年的 171 元增长到 2021 年的 35 128 元，人口从 9 亿发展到 14 亿，常住人口城镇化率从不足 17.92% 发展到 64.72%。随着各类一次性消费品、装潢包装、快递包装等越来越多，城市人均每天垃圾也从 0.3 千克发展到 1.2 千克左右。根据生态环境部发布的《2020 年全国大、中城市固体废物污染环境防治年报》可知，2020 年，196 个大、中城市生活垃圾产生量为 23 560.2 万吨。垃圾回收个体户出于追求利润的目的，只回收废纸、废金属等高价值的可回收物，而低值可回收物如废玻璃、废木头、废塑料等逐渐无人问津，生活垃圾处置和再生资源回收之间脱节，多数城市面临“垃圾围城”。

（2）基本特征

1）习近平亲自推动垃圾分类工作，并指明发展方向。2016 年 12 月，习近平在中央财经领导小组第十四次会议上强调，普遍推行垃圾分类制度，关系 13 亿多人生活环境改善，关系垃圾能不能减量化、资源化、无害化处理。要加快建立分类投放、分类收集、分类运输、分类处理的垃圾处理系统，形成以法治为基础、政府推动、全民参与、城乡统筹、因地制宜的垃圾分类制度，努力提高垃圾分类制度覆盖范围。

之后，全国陆续出现了浙江金华“两次四分”模式、河北廊坊“PPP”模式（PPP 是 public private partnership 的英文首字母缩写，是指在公共服务领域，政府采取竞争性方式将部分政府责任以特许经营权方式转移给社会主体之一的企业，由企业提供公共服务，政府依据公共服务绩效评价结果向社会资本支付对价）、北京莘庄“垃圾不落地”模式等。

习近平强调，实行垃圾分类，关系广大人民群众生活环境，关系节约使用资源，也是社会文明水平的一个重要体现。习近平多次实地了解基层开展垃圾分类工作情况。2018 年 11 月 6 日，习近平在上海考察时强调，垃圾分类工作就是新时尚。

习近平在 2021 年领导人气候峰会上指出，保护生态环境就是保护生产力，改善生态环境就是发展生产力。

习近平在党的二十大报告中强调，中国式现代化是人与自然和谐共生的现代化。

2）党中央、国务院以及有关部委陆续发布一系列与垃圾分类有关的政策、法规、标准等，形成自上而下推动垃圾分类的态势。2015 年，《中共中央　国务院关于加快推进生态文明建设的意见》和《生态文明体制改革总体方案》先后出台，明确要求实行垃圾分类回收，加快建立垃圾强制分类制度。随后，住房城乡建设部、国家发展改革委、财政部、环境保护部（2018 年不再保留，组建生态环境部）、商务部联合印发《关于公布第一批生活垃圾分类示范城市（区）的通知》，选择北京市东城区等 26 个城市（区）作为垃圾分类示范城市（区）。2015 年被认为是新时代垃圾分类工作元年，从此我国垃圾分类驶入“快车道”。

2017 年 3 月 18 日，国务院办公厅正式转发国家发展改革委、住房城乡建设部《生活垃圾分类制度实施方案》，该方案第一次提出垃圾分类治理目标：到 2020 年底，基本建立垃圾分类相关法律法规和标准体系，形成可复制、可推广的生活垃圾分类模式，在实施生活垃圾强制分类的城市，生活垃圾回收利用率达到 35% 以上。2017 年 4 月，国家发展改革委等 14 个部委联合印发《循环发展引领行动》，对实现生活垃圾分类和再生资源回收的有效衔接提出了具体的工作计划。2017 年 10 月，《关于推进资源循环利用基地建设的指导意见》发布。2017 年 12 月，住房城乡建设部发布《关于加快推进部分重点城市生活垃圾分类工作的通知》，通知要求：2035 年前，46 个重点城市全面建立城市生活垃圾分类制度，垃圾分类达到国际先进水平。2017 年被认为是新时代垃圾分类工作推广年。

2018 年 6 月，住房城乡建设部印发《城市生活垃圾分类工作考核暂行办法》，该办法包含附件《城市生活垃圾分类工作考核细则》，这是首次在国家层面提出垃圾分类考核办法。

2019 年 6 月，《住房和城乡建设部等部门关于在全国地级及以上城市全面开展生活垃圾分类工作的通知》将垃圾分类制度覆盖范围扩大到全国地级及以上城市。2019 年 9 月，国管局公布《公共机构生活垃圾分类工作评价参考标准》，对公共机构垃圾分类工作提出要求。2019 年 12 月，新发布的《生活垃圾分类标志》（GB/T 19095—2019，代替 GB/T 19095—2008）正式实施，该标准将生活垃圾分为 4 大类 11 小类。

2020 年 4 月，新修订的《中华人民共和国固体废物污染环境防治法》提出“国家推行生活垃圾分类制度”，明确“生活垃圾分类坚持政府推动、全民参与、城乡统筹、因地制宜、简便易行的原则”。2020 年 9 月，中央全面深化改革委员会审议通过《关于进一步推进生活垃圾分类工作的若干意见》，明确到 2025 年前后，地级及以上城市因地制宜基本建立生活垃圾分类投放、分类收集、分类运输、分类处理系统，居民普遍形成生活垃圾分类习惯。

2021 年 2 月，《国务院关于加快建立健全绿色低碳循环发展经济体系的指导意见》明确指出：推进垃圾分类回收与再生资源回收“两网融合”，鼓励地方建立再生资源区域交易中心；加快落实生产者责任延伸制度，引导生产企业建立逆向物流回收体系。2021 年 3 月，第十三届全国人民代表大会第四次会议通过《中华人民共和国国民经济和社会发展第十四个五年规划和 2035 年远景目标纲要》，要求构建集污水、垃圾、固废、危废、医废处理处置设施和监测监管能力于一体的环境基础设施体系，建设分类投放、分类收集、分类运输、分类处理的生活垃圾处理系统。2021 年 5 月，国家发展改革委、住房城乡建设部印发《“十四五”城镇生活垃圾分类和处理设施发展规划》。2021 年 7 月之后，《关于推进非居民厨余垃圾处理计量收费的指导意见》、《关于印发省级统筹推进生活垃圾分类工作评估办法和城市生活垃圾分类工作评估办法的通知》、《农村生活垃圾收运和处理技术标准》（GB/T 51435—2021）陆续发布。2021 年 12 月，中共中央办公厅、国务院办公厅印发《农村人居环境整治提升五年行动办公厅方案（2021—2025 年）》，提出全面提升农村生活垃圾治理水平，到 2025 年，有条件的村庄实现生活垃圾分类与源头减量，有序开展农村生活垃圾分类与资源化利用示范县创建。

2022 年 2 月，生态环境部发布国家标准《生活垃圾填埋场污染控制标准（征求意见稿）》，向社会公开征求意见。2022 年 7 月 5 日，住房城乡建设部发布国家标准《生活垃圾回收利用技术要求（征求意见稿）》，向社会公开征求意见。2022 年 7 月 19 日，《关于印发废旧物资循环利用体系建设重点城市名单的通知》确定北京、天津、石家庄等 60 个城市为废旧物资循环利用体系建设重点城市，要求各城市健全废旧物资回收网络体系，因地制宜提升再生资源分拣加工利用水平，推动二手商品交易和再制造产业发展。

从 2012 年开始，垃圾分类重新进入我国千家万户，成为新时代中国特色社会主义文明城市建设的新标志和新风尚。

3）各地方政府相应出台配套的具体政策，形成省、区、市三级政府全面推广态势。

（3）工作成效。在国家政策强制推动下，我国垃圾分类工作已由点到面逐步启动。到 2020 年，46 个重点城市基本建成垃圾分类投放、分类收集、分类运输、分类处置体系。2021 年，全国已有 297 个地级及以上城市开展生活垃圾分类工作，居民区垃圾分类平均覆盖率达 77%，回收利用率平均达到 36.2%，初步形成分类投放、分类收集、分类收运、分类处置四大运营机制。

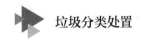

相关链接

“白色污染”治理

由于大多数塑料垃圾是白色或透明的，因此人们把塑料垃圾四处丢弃而造成的环境污染现象称为“白色污染”。我国“白色污染”治理工作具体如下。

2007 年 12 月 31 日，《国务院办公厅关于限制生产销售使用塑料购物袋的通知》(即“限塑令”) 发布，该通知规定：从 2008 年 6 月 1 日起，在全国范围内禁止生产、销售、使用厚度小于 0.025 毫米的塑料购物袋；在所有超市、商场、集贸市场等商品零售场所实行塑料购物袋有偿使用制度，一律不得免费提供塑料购物袋。2020 年 1 月，国家发展改革委和生态环境部印发《关于进一步加强塑料污染治理的意见》，提出“有序禁止、限制部分塑料产品的生产、销售和使用，积极推广替代产品”，并对不可降解塑料袋和一次性塑料餐具分别提出 2020 年底、2022 年底和 2025 年底三个时间节点的禁限目标。2020 年 7 月，国家发展改革委等九部门联合印发《关于扎实推进塑料污染治理工作的通知》。2021 年 9 月，国家发展改革委、生态环境部联合印发《“十四五”塑料污染治理行动方案》，该方案从积极推动塑料生产和使用源头减量、加快推进塑料废弃物规范回收利用和处置、大力开展重点区域塑料垃圾清理整治等方面，明确细化了具体任务。2022 年 11 月，中国与国际竹藤组织共同发起倡议，将在全球深化“以竹代塑”合作，更好发挥竹子在代替塑料产品方面的突出优势和作用。2023 年 5 月，商务部、国家发展改革委联合发布《商务领域经营者使用、报告一次性塑料制品管理办法》，明确了商品零售、电子商务、餐饮、住宿、展览等五类经营者应当遵守国家有关禁止、限制使用不可降解塑料袋等一次性塑料制品的规定。各地政府相应出台配套的限制塑料使用规定，并开展一系列治理“白色污染”的“绿色行动”。归纳起来，大致有以下几类限制使用的塑料制品。

1. 厚度小于 0.025 毫米的超薄塑料购物袋，具体要求参考国家标准《塑料购物袋》(GB/T 21661—2020)。

2. 厚度小于 0.01 毫米的聚乙烯农用地膜，即以聚乙烯为主要原料制成且厚度小于 0.01 毫米的不可降解农用地面覆盖薄膜；地膜的厚度、力学性能等指标参考国家标准《聚乙烯吹塑农用地面覆盖薄膜》(GB 13735—2017)。

3. 一次性发泡塑料餐具，即以泡沫塑料制成的一次性餐具。

4. 一次性塑料棉签，即以塑料棒为基材制成的一次性棉签，不包括相关医疗器械。

5. 含塑料微珠的日化产品，即为起到去角质、清洁等作用，有意添加粒径小于 5 毫米的固体塑料颗粒的淋洗类化妆品（如沐浴剂、洁面乳、磨砂膏、洗发水等）和牙膏、牙粉。

6. 以医疗废物（简称医废）为原料制造的塑料制品，禁止以纳入《医疗废物管理条例》《医疗废物分类目录（2021 年版）》等规定的医疗废物为原料生产塑料制品。

7. 不可降解塑料袋，即商场、超市、药店、书店、餐饮打包外卖服务、展会活动等用于盛装及携提物品的不可降解塑料购物袋，不包括基于卫生及食品安全目的，用于盛装散装生鲜食品、熟食、面食等商品的塑料预包装袋、连卷袋、保鲜袋以及邮政、快递使用的绿色包装袋等。

8. 一次性塑料餐具，即餐饮堂食服务中使用的一次性不可降解塑料刀、叉、勺，不包括预包装食品使用的一次性塑料餐具。

9. 一次性塑料吸管，即餐饮服务中用于吸饮液态食品的一次性不可降解塑料吸管，不包括牛奶、饮料等食品外包装上自带的塑料吸管。

三、国家绿色可持续性发展体系建立与发展

2017 年 10 月，党的十九大报告明确提出：加强固体废弃物和垃圾处置；提高污染排放标准，强化排污者责任，健全环保信用评价、信息强制性披露、严惩重罚等制度；构建政府为主导、企业为主体、社会组织和公众共同参与的环境治理体系。

2019 年 10 月，党的十九届四中全会将垃圾分类列入国家治理体系，明确提出“普遍实行垃圾分类和资源化利用制度”。十九届五中全会再次提出，“坚定不移贯彻创新、协调、绿色、开放、共享的新发展理念”“推行垃圾分类和减量化、资源化，加快构建废旧物资循环利用体系”。垃圾分类已经列入国家绿色可持续性发展治理体系。

2021 年 5 月，国家发展改革委、住房城乡建设部印发《“十四五”城镇生活垃圾分类和处理设施发展规划》，提出以下具体目标：到 2025 年底，全国城市生活垃圾资源化利用率达到 60% 左右；到 2025 年底，全国生活垃圾分类收运能力达到 70 万吨每

天左右，基本满足地级及以上城市生活垃圾分类收集、分类转运、分类处理需求，鼓励有条件的县城推进生活垃圾分类和处理设施建设；到 2025 年底，全国城镇生活垃圾焚烧处理能力达到 80 万吨每天左右，城市生活垃圾焚烧处理能力占比 65% 左右。同时，有针对性地提出了十项主要任务，分别是加快完善垃圾分类设施体系、全面推进生活垃圾焚烧设施建设、有序开展厨余垃圾处理设施建设、规范垃圾填埋处理设施建设、健全可回收物资源化利用设施、加强有害垃圾分类和处理、强化设施二次环境污染防治能力建设、开展关键技术研发攻关和试点示范、鼓励生活垃圾协同处置、完善全过程监测监管能力建设。

2021 年 10 月，国务院印发《2030 年前碳达峰行动方案》，要求扎实推进生活垃圾分类，加快建立覆盖全社会的生活垃圾收运处置体系，全面实现垃圾分类投放、分类收集、分类运输、分类处置。

2021 年 11 月，《中共中央　国务院关于深入打好污染防治攻坚战的意见》提出，因地制宜推行垃圾分类制度。

2022 年 10 月，党的二十大报告进一步提出：推动形成绿色低碳的生产方式和生活方式；提升环境基础设施建设水平，推进城乡人居环境整治。

四、垃圾分类法律体系建立与发展

1989 年，《中华人民共和国环境保护法》施行，明确了保护环境是国家的基本国策。国家采取有利于节约和循环利用资源、保护和改善环境、促进人与自然和谐的经济、技术政策和措施，使经济社会发展与环境保护相协调。这是新中国的第一部环境保护法，该法对于改善和保护环境起着积极的作用。

1992 年，《城市市容和环境卫生管理条例》施行，要求城市人民政府应当把城市市容和环境卫生事业纳入国民经济和社会发展计划，并组织实施。

1996 年，《中华人民共和国固体废物污染环境防治法》施行，明确了“减量化、资源化、无害化”原则，强调了“污染担责”原则，明确了国家推行生活垃圾分类制度。

2007 年，《城市生活垃圾管理办法》施行，强调了“减量化、资源化、无害化”和“谁产生、谁依法负责”原则。国家采取有利于城市生活垃圾综合利用的经济、技术政策和措施，提高城市生活垃圾治理的科学技术水平，鼓励对城市生活垃圾实行充分回收和合理利用。

2009 年，《中华人民共和国循环经济促进法》施行，强调了废物的减量化、再利用和资源化。

2012 年，《中华人民共和国清洁生产促进法》施行，要求产品包装应当合理且便于回收利用。

2017 年，《生活垃圾分类制度实施方案》发布，具体细化、落实城市生活垃圾分类实施细则。

2021 年，《中华人民共和国反食品浪费法》施行，提出“国家厉行节约，反对浪费”。

除此之外，全国很多城市都开展了生活垃圾分类地方性法规、条例、规章的制定工作，初步形成垃圾分类法律法规体系。

学习单元 2

发达国家的经验

一、日本

日本地少、人多、资源少，在高度缺乏资源的危机意识下，日本走上了垃圾回收、再生循环的经济发展道路。为了从废弃物中尽量地提取资源，日本将垃圾分类做得非常精细。

日本于 20 世纪 70 年代开始实施垃圾分类，制定了一系列便于分类回收的法律法规，并规定各个县市区必须有计划地对垃圾进行分类和收集处理。

在分类规则方面，日本国家层面没有统一的标准，由各个县市区确定。大多数城市将垃圾分为五大类 45 小类，五大类分别是可燃垃圾、不可燃垃圾、粗大垃圾、资源垃圾和有害垃圾。也有城市将垃圾分为八大类的，八大类分别是可燃垃圾（厨房垃圾，不能再生的纸类、木屑等）、瓶罐垃圾（盛装饮料、酒类、酱油等的塑料瓶等）、可回收塑料（商品的容器或包装袋等，如方便面盒、快餐盒、保鲜膜、塑料袋、洗浴用品瓶等）、其他塑料（除容器、包装袋以外的塑料等）、不可燃垃圾（陶瓷制品，小型电器，灯泡、保温瓶等玻璃制品）、资源垃圾［纸类（报纸、宣传单、杂志、包装纸盒、信纸等），布类（衣服、窗帘等），金属类（锅、金属空罐子等），玻璃类（醋瓶、酱油瓶、酒瓶、玻璃杯、玻璃碴等）］、有害垃圾（荧光棒、干电池、体温计、药品容器等）、大型垃圾［在家电回收相关法律规定范围内的电器以及家具、其他物品（如自行车、音响、行李箱等）］。横滨市把垃圾分类的标准分得更细，该市分发给市民的“垃圾分类手册”长达 27 页，条款多达 518 条。

在投放要求方面，日本街头普遍不设垃圾桶，不允许垃圾落地。每一类垃圾都必须先按要求进行预处理后再装入指定颜色的垃圾袋内，并在规定的时间投放。例如，周一投放可回收塑料，周二投放可燃垃圾和玻璃类资源垃圾，周三投放纸类和布类资源垃圾，周四单周投放瓶罐垃圾、双周投放不可燃垃圾及有害垃圾，周五投放可燃垃圾和金属类资源垃圾。为了方便市民掌握投放要求，一般情况下，日本各行政区相关部门会在年底给每个家庭分发下一年的注明垃圾收集日信息的垃圾投放“年历”，帮助市民进行垃圾分类。即使没有垃圾投放“年历”，居民也可以通过市报、政府官方网站等媒介了解垃圾收集日的具体信息。另外，日本对于垃圾的投放预处理要求非常严格。日本商品的包装盒上会注明其属于哪类垃圾，甚至还提示投放要求，如牛奶盒上印有“要洗净、拆开、晾干、折叠以后再投放”的字样。养成良好的扔垃圾习惯非一日之功，日本儿童从小就从家长和学校那里接受正确处理垃圾的教育。为方便外国人投放垃圾，日本垃圾桶上会有相应的图片和多种外文。

在日本，如果有人不按规定分类投放垃圾，就要接受相关工作人员的说服引导和大众舆论的压力，还要接受严厉处罚。例如，日本的《废弃物处理法》规定：胡乱丢弃废弃物者将被处以 5 年以下有期徒刑，并处罚金 1 000 万日元；如胡乱丢弃废弃物者为企业或社团法人，将重罚 3 亿日元。相关法律还要求，公民若发现胡乱丢弃废弃物者要立即举报。

为了做好垃圾分类工作，日本的配套措施十分完善、细致。分类后的纸类垃圾被专人回收后送到造纸厂，用于生产再生纸，很多日本人以名片上印有“使用再生纸”为荣；各种饮料容器被分别送到相应工厂，通过再加工成为再生资源；废弃电器被送到专门公司进行分解处理；可燃垃圾燃烧后作为肥料；不可燃垃圾经过压缩、无毒化处理后成为填海造田的原料。

二、德国

德国是世界上垃圾分类回收做得较好的国家之一。在 20 世纪初，德国就开始实施城市垃圾分类收集。一方面，政府高度重视垃圾分类的教育，通过教育让民众自觉进行垃圾分类：在幼儿园阶段，就开始帮小朋友养成垃圾分类的习惯；在小学阶段，学校专门设置垃圾分类课程，系统性地教导学生进行垃圾分类，增强学生环境保护意识。另一方面，回收企业聚焦垃圾回收循环再利用的专业化处理。

在政策上，德国将垃圾分类定义为一项准公共事业，强调政府和市场要共同承担责任。在这样的政策体系中，政府的战略规划角色至关重要。1972 年颁布的《废物处理法》是德国第一部全国性垃圾管理法律，当时该法侧重于垃圾的末端处理，经多次修订后，该法改名并引入垃圾分类、减量和回收利用的理念。从该法的演变过程可以发现，德国垃圾治理的理念正逐步从末端治理向前端治理转变。这部法律是后来一系列废物管理法规、条例的基础，它确立了废物处理过程中预防和废物再循环从根本上优于其他处置方式的原则。德国是最早实行循环经济立法的西方发达国家。

1991 年，德国颁布《包装废弃物管理法》，明确了生产者和经销商对于废弃包装物的回收利用应当承担责任，此后，德国推动建立的双元回收系统对欧洲乃至世界各国都产生了深远影响；1996 年，德国颁布《循环经济与废弃物管理法》，确立了垃圾管理的思路为“避免产生、循环利用、末端处理”，奠定了循环利用在德国废物管理体系中的重要地位；2005 年，德国开始施行《垃圾填埋条例》，严格限制进入垃圾填埋场的可降解废物含量，要求任何垃圾都必须在进行预处理后，在总有机碳质量分数小于 5% 时才可进行填埋处理。根据《垃圾填埋条例》，垃圾填埋场基本上只接收经过生物处理或焚烧处理的灰渣。自此，德国垃圾处理正式走向实现原生垃圾零填埋的道路。上述法律法规在对垃圾分类做出战略规划的同时，还对具体的执行流程、奖惩措施进行规定，并制定具体的实施目标且依据实际情况进行实时调整，充分确保法律法规的可执行性。

在德国，生活垃圾分为以下五类：有机垃圾、包装垃圾、纸类垃圾、玻璃类垃圾和混合类垃圾。每一户或每一栋住宅楼都会按类别设置不同的垃圾桶，尽可能做到细分可回收物。如果居民随意丢弃垃圾，垃圾回收公司会拒收。德国对于家庭生活垃圾采取分类计量收费的制度，其中没有回收价值的混合类垃圾单价较高，有机垃圾单价较低，废纸、废玻璃等可回收物则不收费，这种分类计量收费的制度有效地从源头促进了居民的分类行为。据统计，德国垃圾回收行业从业人员人数超过 25 万。2018 年，德国城市固体废物（简称固废）产生量为 5.03×10^7 吨，回收利用率高达 67%，其中包装材料的回收利用率甚至可以达到 80% 以上。

三、美国

在美国，针对垃圾分类和处理不仅有详细的法律规定，还有科学的管理方法。1965 年，美国制定《固体废弃物处置法》，1976 年将其修订、更名为《资源保护及回收法》。1990 年，美国颁布《污染预防法》，确定了资源回收的 4R 原则，即 recovery（恢复）、recycle（回收）、reuse（再利用）、reduction（减量），将处理废弃物提高到事先预防、减少污染的高度。

目前，美国各城镇均已实现垃圾分类，但是各城镇的具体做法有所不同。以弗吉尼亚州费尔法克斯县为例，该县规定垃圾分为可回收的和不可回收的。在当地，独立式住宅外面一般都摆放一个绿色大垃圾桶和一个黑色大垃圾桶，绿色垃圾桶用来装可回收利用的废弃物，黑色垃圾桶用来装不可回收垃圾。当地要求生活垃圾必须用塑料袋装好并扎紧袋口，不允许有残渣和汁水漏出。居民需要按时把垃圾桶放在路边，收运车会按时收运。公寓式住宅则有集中存放点，可将垃圾按可回收和不可回收分别收集、收运。

在美国，乱丢垃圾是一种犯罪行为，各州都有禁止乱丢垃圾的法律。乱丢杂物属于三级轻罪，乱丢杂物者可被处以 300 到 1 000 美元不等的罚款、被判监禁（最长一年）或社区服务，也可以上述两种或三种情形并罚。

四、瑞士

瑞士政府设有废物管理部门，负责管理生活垃圾处理和工业生产、流通、消费领域的废物处理，以及落实相关法律法规。具体环卫作业由区级政府负责，作业费用由国家承担，但国家会要求污染者付费。

在瑞士，人们必须使用专门的垃圾袋，否则垃圾不会被收运。大部分州都征收垃圾袋税，一个容量约 17 升的垃圾袋大约需要支付 1.6 瑞士法郎。事实上，人们买的不是垃圾袋，而是合法丢弃垃圾的权利。也就是说，如果不用这类垃圾袋装垃圾，扔垃圾是违法的。

不同种类垃圾的处理成本不同。处理成本最高的是混合垃圾。混合垃圾的处理费用一般通过售卖垃圾袋收取，其他垃圾的处理费用有的按户收取、有的加在商品价格里收取。也就是说，政府根据不同种类垃圾的处理成本，征收不同的处理费用。

瑞士还设有专门的垃圾警察。从 2013 年 1 月引入付费垃圾袋体系以来，在洛桑，垃圾处理违规事件的数量呈上升趋势。2014 年 8 月，当地政府决定从私营安保公司雇用 6 人担任垃圾警察，为此每年花费 35 万瑞士法郎。垃圾警察的职责是在大街小巷中寻找违规扔垃圾的人，发现一次罚 200 瑞士法郎。

在分类回收方面，规定企业只有在自己的塑料瓶回收率达到 75% 以上时才允许继续生产或使用塑料瓶作为包装物。另外，规定居民不得随意丢弃再生资源。目前，瑞士的废弃塑料瓶回收率达到 80%，电池回收率达到 65%，纸张回收率达到 64%，钢铁回收率达到 79%、玻璃回收率达到 95%、铝罐回收率达到 90%。

五、发达国家经验总结

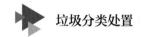

自 20 世纪 80 年代以来，尤其是 1992 年联合国环境与发展大会提出可持续发展道路之后，德国等欧洲国家首先提出了分类回收循环经济发展战略，并得到大多数发达国家的积极回应。总体上看，西方发达国家的生活废弃物回收率已经超过 35%，其中废金属回收率达到 50%，废钢材回收率达到 70%，废纸回收率达到 70%。美国的再生资源行业规模已经超过汽车行业总规模。日本废塑料、废橡胶的回收率已经达到 90%。总结发达国家垃圾分类和资源再利用经验，可归纳为以下几点。

第一，国家应从战略层面看待垃圾分类管理和循环经济发展，可通过立法的方式为垃圾分类、再生资源回收、循环经济转型保驾护航。实施生活垃圾分类，能促进物料多次循环，能减少对自然资源的开采，能减少对原生资源的依赖，能降低国家某些方面的对外依存度，能减少外汇消耗，能促进循环经济发展，能促进碳减排。

第二，由行政机关牵头建立多部门参与的专门委员会，建立包含废品回收利用的生活垃圾分类管理工作机制，改变垃圾分类、废品回收、循环经济产业多部门管理、利益链不一致的混乱局面。在体制设计上，应避免垃圾分类做得好，但削弱城市管理部门（简称城管部门）对混合垃圾处理设施的建设经费支配权和项目招投标决定权，从而不利于进一步推进垃圾分类的情况出现。

第三，将垃圾减量作为垃圾处理的工作重心。明确减少进入焚烧、填埋等末端处理流程的垃圾量，是垃圾分类工作的要求和目标。明确生活垃圾管理的优先级依次为源头消减、重复使用、循环再生、能源利用，按照生活垃圾管理的优先级建立相应的资源配置管理和经济杠杆制度。

第四，在垃圾分类管理制度设计方面，可概括为六点原则，分别是循环优先、去匿名化、前后衔接、经济激励、社会参与和严格执法。其中，去匿名化是指垃圾投放的过程能被管理者或者邻居看见，实现透明投放，让居民感受到互相监督的压力，促使居民更加重视垃圾分类。经济激励重在通过法律形式实现按类收费。

学习单元 3

垃圾分类与保护地球

一、生态失调与环境保护

生态是指生物与环境、生物与生物之间的相互关系和存在状态。生态环境是指由生物群落及非生物自然因素组成的各种生态系统所构成的整体，主要或完全由自然因素形成，并间接地、潜在地、长远地对人类的生存和发展产生影响。

生物群落包括植物、动物、微生物等，非生物自然因素有光、温度、水、大气、土壤和无机盐等。在自然界，生态因素相互联系、相互影响，共同对生物起作用。

生态地理环境是指由生物群落及其相关无机环境共同组成的功能系统，又称生态系统。在特定的生态系统演变过程中，当其发展到某稳定阶段时，各种对立因素就会通过食物链的相互制约作用，使物质循环和能量交换达到一个相对稳定的平衡状态，从而保持了生态环境的稳定和平衡。无机环境是生物生存的基础环境。例如，食草动物依赖植物，将其作为营养来源；而植物则依赖阳光、水、肥料等自然资源生长、繁殖。如果环境负载超过了生态系统所能承受的极限，就可能导致生态系统弱化或衰竭。

生态环境中的生态平衡是动态的。生态系统一旦受到自然、人为因素的干扰，且干扰超过生态系统的自我调节能力而使其不能恢复到原来的稳定状态时，则其结构和功能将遭到破坏，物质和能量的输出、输入将不能平衡，于是生态系统成分缺损（如生物多样性减少等）、结构发生变化（如动物种群的突增或突减、食物链的改变等）、能量流动受阻、物质循环中断，这些情况一般统称为生态失调。严重的生态失调会导致生态灾难。造成生态失调的主要原因有以下几个方面。

一是温室效应。温室效应是指二氧化碳、一氧化二氮、甲烷、氯氟烃等温室气体大量排向大气层，使全球气温升高。据国际能源署在《全球能源回顾：2021 年二氧化碳排放》报告中指出，2021 年全球温室气体总排放量达到 408 亿吨 CO_2 当量，超过 2019 年的历史最高水平，这将进一步导致全球气候变暖、生态系统被破坏以及海平面上升。

二是臭氧层被破坏。臭氧层是指大气层的平流层中臭氧浓度相对较高的部分。臭氧层的主要作用是吸收短波紫外线，有效地保护地面一切生物的正常生长。臭氧层被破坏的主要原因是，化学物质氟利昂等进入平流层，并在紫外线的作用下分解产生原子氯，原子氯能使臭氧变成氧气。有资料表明，皮肤癌发病率升高与臭氧层被破坏有关。21 世纪之初，地球中部上空的臭氧层已减少 5%~10%，而皮肤癌患者人数则增加了 26%。为了保护臭氧层，1995 年 1 月 23 日，联合国大会确定每年的 9 月 16 日为“国际臭氧层保护日”，以提高人们保护臭氧层的意识。为了防治大气污染，保障公众健康，推进生态文明建设，促进经济社会可持续发展，2013 年 9 月，国务院印发《大气污染防治行动计划》（简称“大气十条”）；2018 年 10 月 26 日，第十三届全国人民代表大会常务委员会第六次会议第二次修正《中华人民共和国大气污染防治法》。

三是水资源污染。据全球环境监测系统水质监测项目数据显示，全球大约 10% 被监测的河流受到污染，有的生化需氧量（BOD）值超过 6.5 毫克每升，有的存在氮、磷污染。总体上看，污染河流的含磷量均值为未被污染河流的 2.5 倍。1993 年 1 月 18 日，联合国大会确定每年的 3 月 22 日为“世界水日”。2015 年 4 月 2 日，国务院印发保护水资源的《水污染防治行动计划》（简称“水十条”）。

四是海洋污染。研究表明，地球每年约有 800 万吨塑料垃圾进入海洋，把它们排列起来可以绕地球 420 圈。如此多的塑料垃圾，难免会有部分进入海洋生物体内，人们若食用这些海洋生物，塑料微颗粒就可能留在人体内。2018 年，研究人员在英国沿海的贻贝中发现了塑料微颗粒和其他残留物，甚至一个贻贝内就含有约 90 个塑料微颗粒。这种情况不仅发生在浅海领域，深海领域也同样遭到塑料垃圾的侵蚀。为了保护海洋环境及资源，保护海洋生态平衡，保障人体健康，促进海洋事业发展，1982 年 8 月 23 日，第五届全国人民代表大会常务委员会第二十四次会议通过《中华人民共和国海洋环境保护法》。1992 年，联合国大会确定每年的 6 月 8 日为“世界海洋日”，呼吁世界各国采取切实措施保护海洋环境，维护健康的海洋生态系统。

五是土地退化。土地退化是指由于过度放牧、耕作和滥垦滥伐等人为因素和一系列自然因素共同作用，土地质量下降并逐步沙漠化的过程。土壤侵蚀年平均速度为每公顷 0.5~2 吨。全球土地面积的 15% 因人类活动而表现出不同程度的退化。在过去的

20 多年里，因土地退化，全世界饥饿的难民人数由 4.6 亿增加到 5.5 亿。1986 年 6 月 25 日，第六届全国人民代表大会常务委员会第十六次会议通过《中华人民共和国土地管理法》，确定 6 月 25 日为“全国土地日”，自此，中国成为全世界第一个为保护土地而专门设立纪念日的国家。2016 年 5 月 31 日，国务院印发《土壤污染防治行动计划》（简称“土壤十条”）。为了防治土壤污染，保障公众健康，推动土壤资源永续利用，推进生态文明建设，促进经济社会可持续发展，2018 年 8 月 31 日，第十三届全国人民代表大会常务委员会第五次会议通过《中华人民共和国土壤污染防治法》。

六是森林面积减少。森林被誉为“地球之肺”，对生态系统具有重要的调节功能。据绿色和平组织估计，100 年来，全世界的原始森林有 80% 遭到破坏。森林面积减少会导致土壤流失、水灾频繁、全球变暖、物种消失等。

七是生物多样性减少。生物多样性减少是指包括动植物和微生物在内的所有生物物种，由于生存环境丧失、环境污染和外来物种入侵等原因而不断消失的现象。2021 年 9 月 4 日，在法国马赛举行的第 7 届世界自然保护大会上，世界自然保护联盟更新了濒危物种红色名录，评估了全球 138 374 个物种受到威胁的风险，其中 38 543 个物种面临灭绝威胁。

八是塑料微粒污染。淤泥是微生物聚集的地方，塑料垃圾经过一段时间的降解后形成大量微粒沉淀在淤泥之中。在“大鱼吃小鱼，小鱼吃虾米，虾米吃淤泥”的生态系统中，鱼类、两栖类、哺乳类、鸟类等都不同程度地将塑料微粒摄入体内。作为食物链顶端的人类，自然也是无法幸免。

1972 年 6 月 5 日至 6 月 16 日，联合国在瑞典首都斯德哥尔摩举行第一次人类环境会议，起草《只有一个地球》非正式报告，通过《联合国人类环境会议宣言》（简称《人类环境宣言》），提出保护全球环境的“行动计划”，喊出传遍世界的环境保护口号“只有一个地球”，这次会议标志着人类环境保护意识的觉醒。后来，这次会议的开幕日 6 月 5 日被确定为“世界环境日”。后来被确定为“世界地球日”的 4 月 22 日则是由丹尼斯·海斯等人于 1970 年发起环保主题运动的日期，这是人类有史以来举办的第一个规模宏大的群众性环境保护活动，这次活动催化了人类环境保护意识的觉醒，促进了美国环境保护立法的进程，催生了 1972 年联合国第一次人类环境会议。目前，“世界地球日”已成为世界上最大的民间环保节日，最早的组织者丹尼斯·海斯被称为“世界地球日之父”。

我国天人合一的哲学思想，在重视和保护生态环境方面具有重要意义。《逸周书·大聚解》记载，“旦闻禹之禁，春三月，山林不登斧，以成草木之长；夏三月，川泽不入网罟，以成鱼鳖之长”。说的是，人们无论是砍伐树木还是捕鱼狩猎，都要有节制。《论语·述而》记载，“子钓而不纲，弋不射宿”。说的是，孔子用鱼竿钓鱼而不用渔网捕鱼，只射飞鸟而不射归巢栖息的鸟。

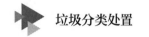

二、垃圾分类与碳中和

1. 碳中和的意义

碳是指二氧化碳 CO_2，通常可以理解为 CO_2 当量，它对温室效应的贡献高达 65% 左右。碳中和是指企业、团体或个人在一定时间内直接或间接产生的二氧化碳排放总量，通过植树造林、节能减排等形式进行抵消，实现二氧化碳的零排放。也可以这样理解，在国家能够可持续发展的基础上，通过减少二氧化碳排放量和增加二氧化碳吸收量，将二氧化碳的人为移除与人为排放相抵消，实现碳中和。

人们在生活中产生的垃圾越多，释放的二氧化碳就越多。以福州为例，目前，全市每天平均产生的生活垃圾约为 4 200 吨，按每吨生活垃圾约产生 0.3 吨二氧化碳来算，福州每天平均产生约 1 260 吨二氧化碳。

从源头减少垃圾的产生，减少垃圾的焚烧量和填埋量，提高资源的回收利用率，实现“零废弃”，发展循环经济，改善生态环境，已经成为全球共识。目前，多个国家的碳排放已经实现达峰，即二氧化碳排放量不再增长，呈现逐步回落的趋势。从 2006 年起，我国的二氧化碳排放量超过美国成为世界第一。2019 年，我国全口径温室气体排放总量约为 140 亿吨，其中化石能源的二氧化碳排放量约为 102 亿吨，大于美国和欧盟二氧化碳排放量的总和。预计我国二氧化碳排放峰值将达到 160 亿吨左右。

2015 年 12 月 12 日在巴黎气候变化大会上通过的、2016 年 4 月 22 日在纽约签署的气候协定《巴黎协定》要求：全球平均气温较前工业化时期上升幅度控制在 2 摄氏度以内；2030 年全球温室气体排放量降低到 400 亿吨，比 2010 年下降 100 亿吨；全球在 2065 年至 2070 年实现碳中和。截至 2022 年 11 月，全球已有 195 个缔约方签署《巴黎协定》，全世界走向了可持续发展的道路。在 2020 年 9 月召开的第 75 届联合国大会上，我国结合国情提出“3060 目标”，力争于 2030 年前实现二氧化碳排放达到峰值，努力争取 2060 年前实现碳中和。“3060 目标”的提出，意味着在未来的近 40 年里，我国将在土地、能源、工业、建筑、交通等领域进行转型，推行低碳的生产方式和生活方式。

2. 碳中和的实现路径

研究认为，实现碳中和目标关键要围绕以下四个方面。一是在建筑、交通、工业、电力等碳排放量占比较高的领域，通过产业结构调整和技术进步“提能效、降能耗”；

二是通过高比例发展可再生能源等非化石能源，实现能源代替；三是发展碳捕获、利用与封存技术，增加碳汇；四是走再生资源循环经济发展道路，通过垃圾分类和废弃物回收、再利用，减少对原生态资源的开发、加工生产以及破坏。

我国排放的温室气体主要来源于化石能源，由化石能源排放的二氧化碳、甲烷、氮氧化物占我国二氧化碳、甲烷、氮氧化物排放总量的比例分别为 80%、40%、30%。因此，我国实现碳达峰、碳中和，关键是要减少化石能源的碳排放。

除了海洋以外，森林也是重要的碳库，全球森林每年固定的碳可抵消同期一半化石能源排放的温室气体。

开展低碳生活也是碳减排的一种方式。开展垃圾分类，可促进资源再循环利用，减少对不可再生资源的开采和破坏，从源头减少垃圾的产生。例如：采用传统发条闹钟代替电子闹钟可减排 CO_2 48 克每天，城市慢跑代替跑步机跑步可减排 CO_2 1 千克每 45 分钟。

3. 我国实现碳中和的主要工作

（1）推动产业结构优化升级，提高产业的绿色低碳发展水平。

（2）大力调整能源结构，实施绿色能源、可再生能源代替行动。

（3）坚持和完善能耗双控制度，狠抓重点领域节能。

（4）加大科技攻关力度，推动绿色低碳技术实现重大突破。

（5）坚持政府和市场两手发力，完善绿色低碳政策体系和市场化机制。

（6）加强生态保护修复，提升生态系统碳汇能力。

（7）推动全民节约、垃圾分类、资源回收，营造绿色低碳生活新风尚。

（8）加强国际交流合作，推进绿色丝绸之路建设，参与和引领全球气候治理。

4. 生活垃圾分类处置助力碳中和

（1）强化垃圾源头减量。一是在消费端减量，从源头尽量减少垃圾。二是在投放端实现垃圾分类投放，尽最大可能将厨余垃圾、可回收垃圾、有害垃圾分离处理，实现其他垃圾量的最小化，减少垃圾焚烧量，挖掘减排潜能。

（2）强化两网融合，推动再生资源全覆盖回收。在生活垃圾总量中，可回收垃圾占比超过 40%。要通过全覆盖回收闭环管理模式，实现再生资源的循环和高效利用，减少化石能源的消耗，在终端通过废物减量助力碳达峰、碳中和。

（3）推广新能源环卫车辆。2020 年，我国新增 11.46 万辆环卫车辆，其中纯电动环卫车辆占比仅为 3.4%。因此，需要不断提升电动环卫车辆的占比，减少大排量燃油环卫车，降低二氧化碳排放量。

（4）推广降碳工艺技术。采用节能降碳工艺技术及设备设施，降低垃圾再生处理过程中的能耗，推广清洁生产，减少残余物，实现垃圾的梯级利用和循环利用，减少二氧化碳排放量。

（5）推动再生资源回收利用协同处置。推动再生资源产业园建设，推动再生资源集中拆解处理，实现再生资源回收利用集约化、规模化、一体化协同处置。

三、我国环境保护法基本原则

1. 经济建设与环境保护协调发展的原则

经济建设与环境保护协调发展的原则是指经济建设与环境保护必须同步规划、同步实施、同步发展，实现经济与环境的协调发展，从而保障经济、社会的可持续发展。经济建设与环境保护二者是对立、统一的关系：保护好环境，维护好生态平衡，促进生态系统的良性循环，有利于经济的发展；经济发展又为保护和改善环境提供了必要的条件。反之，环境污染了，资源浪费了，人体健康受损了，社会经济发展就会受到制约。

2. 预防为主、防治结合、综合治理的原则

此原则的确立是由环境污染的危害与特性决定的。一是环境污染一旦发生，一般在短期内难以消除，部分环境要素若遭到破坏，要恢复正常极为困难，有的破坏甚至是不可逆的；二是环境污染引起的某些疾病潜伏期长，不易被发现，发病以后难以根治；三是环境被污染和破坏后，治理和恢复的代价很高；四是要将环境污染控制在最低程度，光着眼于预防新污染尚不足够，还要对已有的污染与破坏采取综合性措施进行积极的治理。

3. 全面规划、合理布局的原则

很多环境污染问题是缺乏整体规划、存在不合理布局造成的，一旦产生要想解决就很难。例如，个别地区在工业布局中搞地方保护，将污染工业安排在下游或者主导风向之外，只管自己发展，不管其他地区，在发生跨地区污染纠纷后逃避监管，处理难度较大。

4. 谁污染谁治理、谁开发谁保护的原则

《中华人民共和国环境保护法》规定：企业事业单位和其他生产经营者违反法律法规规定排放污染物，造成或者可能造成严重污染的，县级以上人民政府环境保护主管

部门和其他负有环境保护监督管理职责的部门，可以查封、扣押造成污染物排放的设施、设备。也就是说，排放污染物的相关单位必须把环境保护工作纳入计划，建立环境保护责任制度，同时采取有效措施，防止在生产建设或者其他活动中产生的废气、废水、废渣、粉尘、放射性物质以及噪声、振动、电磁波辐射等污染和危害环境。排放污染物的企业事业单位和其他生产经营者，应当按照国家有关规定缴纳排污费。

5. 政府对环境质量负责的原则

《中华人民共和国宪法》规定：国家保护和改善生活环境和生态环境，防治污染和其他公害。《中华人民共和国环境保护法》规定：地方各级人民政府应当根据环境保护目标和治理任务，采取有效措施，改善环境质量。

6. 依靠群众保护环境的原则

《中华人民共和国环境保护法》规定：一切单位和个人都有保护环境的义务。2018年，生态环境部、中央文明办、教育部、共青团中央、全国妇联等五部门联合发布《公民生态环境行为规范（试行）》，它是继 2013 年、2015 年和 2016 年相继出台“大气十条”“水十条”“土壤十条”后的第四个“十条”，又称“公民十条”。“公民十条”包含以下内容：关注生态环境、节约能源资源、践行绿色消费、选择低碳出行、分类投放垃圾、减少污染产生、呵护自然生态、参加环保实践、参与监督举报、共建美丽中国。

学习单元 4

垃圾分类的意义

一、原始垃圾处理方法

原始垃圾处理方法包括卫生填埋、焚烧、堆肥。原始垃圾处理方法优劣对比见表 1–1。

表 1–1　原始垃圾处理方法优劣对比

对比项	原始垃圾处理方法		
	卫生填埋	焚烧	堆肥
技术可靠性	相对可靠，属于传统处理方法	较可靠，在国外属于成熟技术	较可靠，在我国有实践经验
可操作性	较好，但沼气倒排要通畅	较好，应严格按照规范操作	较好
占地	大	小	中等
选址	较困难，要考虑地形、地质条件，防止地表水、地下水被污染，一般远离市区建设，运输距离较远	容易，可靠近市区建设，运输距离较近	较容易，仅要求避开居民密集区，气味影响半径＜ 200 米，运输距离适中

续表

对比项	原始垃圾处理方法		
	卫生填埋	焚烧	堆肥
适用条件	无机成分＞60%，含水率＜20%，密度＞0.5吨每立方米	一般要求，生活垃圾低位发热值在3 350千焦每千克以上，含水率在50%以下，方可进入自然燃烧状态；生活垃圾低位发热值在6 280千焦每千克以上，方可实现稳定燃烧，能有效利用能源	从无害化角度来看，可生物降解的有机成分应≥10%；从肥效来看，可生物降解的有机成分应＞40%
环保处置	防渗漏液，防填埋气	控制二噁英的排放，对灰飞进行无害化处置，对残渣进行填埋	好氧堆肥臭气处理
产品市场	有沼气可回收，通过沼气可以发电	能产生热能或电能	建立稳定的堆肥市场较困难；采用厌氧发酵工艺，沼气回收后可用于发电
建设投资	较低	较高	适中
主要风险	沼气聚集易引起爆炸，场地渗滤液处理不达标会影响地表水水质	垃圾燃烧不稳定，烟气处理不达标会影响空气质量	渗出成本过高，堆肥质量不佳会影响生产质量
管理投入	低	高	较高

卫生填埋（以下简称填埋）是指按卫生填埋工程技术标准处理城市生活垃圾的一种方法。卫生填埋可以防止对地下水及周围环境造成污染，它区别于过去的裸卸堆弃和自然填垫等旧式垃圾处理方法。

渗漏液又称滤液或浸出液，是指垃圾存放或消化过程中产生的液体。渗漏液的70%是有机物，BOD_5（五日生化需氧量）可高达30 000~50 000毫克每升，其污染度是粪便的3~5倍。

填埋气是指生活垃圾填埋后被微生物分解，产生的以甲烷和二氧化碳为主要成分的混合气体。填埋气产生恶臭，对人体有较大的危害性。当填埋气通过土壤的空隙转移到填埋场以外，并与空气混合时，还有可能发生爆炸。

二噁英是含氯塑料在燃烧过程中形成的，具有较强的致癌性、生殖毒性、免疫毒性和内分泌毒性。国际癌症研究机构已将其列为一级致癌物。

飞灰是垃圾焚烧过程中烟气净化系统的捕集物，以及烟道、烟囱底部沉降的底灰。其粒径小于 100 微米，含有较高浓度的重金属、少量的二噁英和呋喃，具有很强的潜在危害性。

二、垃圾不分类的危害

垃圾不分类将增加垃圾填埋量、焚烧处置量，增加财政支出和碳排放量，造成更严重的水土气污染，影响生态平衡，危害人类身体健康，制约经济和社会的可持续性发展，影响我国的国际声誉。

1. 填埋的危害

填埋的基本流程是：计量—倾倒—摊铺—压实—消杀—覆土—封场—绿化。截至 2021 年末，填埋在我国垃圾处置中占比 44%，大多数县城还是采用填埋这种方法。填埋的危害主要表现在土地占用、土地污染、空气污染、地下水污染这四个方面。

（1）土地占用。目前，全国城市生活垃圾年产生量约为 4 亿吨，每年同比增长 5%~8%，累计堆存量高达 80 亿吨。正在使用的垃圾填埋场有 6 500 座左右，占地大约 110 万亩（约 733 平方千米）。已有 2/3 的大中城市陷入垃圾的包围圈之中，1/4 的城市无地可埋。

（2）土地污染。生活垃圾中含有大量难以降解的塑料废弃品等，它们会影响土壤的质地和结构。生活垃圾中的重金属等毒害成分还会污染土壤，进而导致农产品污染物超标。

（3）空气污染。填埋气中含有甲烷，会导致生态失衡，甚至引发火灾事故。当沼气（主要成分是甲烷）比空气轻时，沼气就会快速消散，形成损耗臭氧层和加剧全球温室效应的烟雾；当沼气比空气重时，沼气就会在低洼处积聚，若其浓度达到爆炸极限，一旦遇到明火就会发生爆炸，引发火灾事故。

填埋气中还含有多种致癌、致畸的挥发性有机物，能污染空气、危害人体健康。

（4）地下水污染。填埋产生的渗漏液可由于垃圾填埋场防渗层土工膜破损等原因而进入地表水中，破坏原来地下水的 CO_2 平衡，导致地下水周围岩层溶解，引起地下水硬度升高。渗漏液还会通过江河湖泊最终流入大海，所经之处的水体都将受到不同程度的污染。

总体来看，填埋初期投资低、后续运营管理费用低、操作简单，且回收填埋气还能获得一定的经济效益，但存在占地面积大，渗漏液、填埋气可导致二次污染等缺点。

2. 焚烧的危害

焚烧处置的基本流程是：生活垃圾—焚烧发电厂—添加可燃辅料—燃烧产生电能—灰渣处置填埋。我国垃圾焚烧厂的数量从 2016 年的 231 座增加到 2022 年的 852 座。2021 年，采用焚烧方法处置的城乡生活垃圾约有 20 792.26 万吨，占城乡生活垃圾总量的 66%。焚烧与填埋相比，其优点是能快速减少填埋量，使垃圾体积缩小 75%~80%，从而无须占用大量土地；但其缺点也不少，具体如下。

（1）投资额巨大。一个日处理能力在 1 000 吨的垃圾焚烧厂需要投资 4 亿 ~5 亿元，甚至更多。

（2）空气、土壤、水污染。焚烧产生的污染物主要是酸性气体（如 SO_x、NO_x、HCl、HF 等）、有机污染物（二噁英、呋喃等）和飞灰、灰渣中的重金属，它们比化石燃料（如煤、石油、天然气等）燃烧产生的污染物更多、更复杂、毒性更大，不仅污染空气，还会对土壤和地下水造成污染。例如，1 吨垃圾焚烧后会产生 5 000 立方米左右的废气，会释放数十种有害物质，严重污染空气。垃圾焚烧产生的污染物仅通过过滤、水洗和吸附很难全部净化，尤其是飞灰、灰渣，因为它们属于剧毒物质，还需要进行无害化处理，处理成本较高。

总体来看，虽然焚烧这种处理方法占地面积小、处理彻底，但它成本较高、环境污染风险较高、日常运行维护管理费用和二次环保处置费用较高。

3. 堆肥的危害

堆肥虽然能实现城市生活垃圾资源化、减量化处理，但存在肥效低、市场认可度低、长期应用容易造成土壤板结和地下水质变差等问题。

大部分发达国家如美国、英国、法国、德国、西班牙、意大利、荷兰等，选择采用以填埋为主、焚烧为辅的垃圾处置方式；而土地面积较小的日本、卢森堡、丹麦、瑞士等国家大多采用以焚烧为主、填埋为辅的垃圾处置方式。2012 年以前，我国主要采用以填埋为主、焚烧为辅的垃圾处置方式；2012 年以后，我国的垃圾处置方式逐步朝以焚烧为主、填埋为辅发展。

三、垃圾分类的好处

1. 减少污染

减少空气污染、土地污染、海洋污染，改善生态环境。

2. 减少土地占用

减少土地占用，便于增加森林覆盖面积。

3. 减少资源开采，保护原生态资源

每回收 1 吨废纸可造再生纸 0.85 吨，节省木材 0.3 吨；每回收 1 吨塑料饮料瓶可获得 0.7 吨二级原料；每回收 1 吨废钢可炼好钢 0.9 吨，比用矿石冶炼节约成本 47%，发达国家钢铁产能的 30%~40% 是废钢做的贡献；每回收 1 吨废塑料可回炼 0.6 吨柴油；每回收 1 吨易拉罐能制成 40 千克铝块，剩余物料可作为铸件、压铸件等的原料使用。2012 年，我国再生有色金属产量突破 1 000 万吨，已接近原生有色金属产量的 1/3。2019 年，我国废纸浆消耗量为 5 443 万吨，占纸浆消耗总量的 57%。可以肯定的是，有效的回收再利用能在一定程度上降低资源浪费。

4. 有助于发展有机农业

瓜果、蔬菜、粮食等农产品消费结束以后变成餐厨垃圾（含有机废弃物），将餐厨垃圾分类收集、做成肥料，使其重新回到大地，有助于发展有机农业。

5. 有助于发展海洋经济

据统计，92% 的近海垃圾从陆源而来，这些垃圾严重影响海洋养殖生态。实行垃圾分类将缓解海洋污染，有助于海洋生态的改善和海洋经济的发展。

6. 有助于改善生态环境

垃圾分类、减量后大大减少了焚烧量、填埋量，减少了二氧化碳排放量，有助于改善生态环境。

7. 发展循环经济产业

垃圾减量化、资源化、无害化处理节约了垃圾处理费，增加了循环经济的收入，减少了资源采购的支出，能产生较高的经济效益。

8. 有助于美化城市环境

生活垃圾分类治理和社区综合治理是相辅相成、融为一体的，通过开展社区撤桶并网、定时定点分类投放、分类收集，可以改善社区环境，促进社区综合治理能力的提升，有助于美化城市环境。

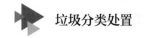

9. 有助于推进精神文明建设

垃圾分类是对以往不良投放行为的矫正管理，它必定带来人们思想意识的转变和精神文明程度的提升。可以说，垃圾分类既是一项环境保护工作，也是一项精神文明建设工作。

10. 有助于提升我国的国际声誉

垃圾分类有助于我国经济和社会的可持续性发展，有助于我国对全世界的碳减排做出贡献，有助于提升我国的国际声誉。

测试题

一、填空题（请将正确答案填在括号中）

1. 农耕社会所形成的垃圾直接进入自然物质循环消纳模式，对生态环境基本不产生（　　）的影响。

2. 1972 年，联合国在瑞典首都斯德哥尔摩举行第一次人类环境会议，起草《只有一个地球》非正式报告，通过（　　）。

3.《中华人民共和国固体废物污染环境防治法》明确了“减量化、资源化、无害化”原则，强调了“（　　）”原则，明确了国家推行生活垃圾分类制度。

4. 2019 年 10 月，党的十九届四中全会将垃圾分类列入（　　）体系。

5.《“十四五”城镇生活垃圾分类和处理设施发展规划》明确：到 2025 年底，全国城市生活垃圾资源化利用率达到（　　）左右。

二、判断题（下列判断正确的请打“√”，错误的请打“×”）

1. 1989 年公布的《中华人民共和国环境保护法》是新中国的第一部环境保护法。（　　）

2. 国家发布“限塑令”就是严禁使用不可降解的塑料袋。（　　）

3. 垃圾分类的去匿名化是指垃圾投放的过程尽量不要被邻居看见。（　　）

4. 人类生活消耗的能源越多，碳释放得就越多，地球暖化就越慢。（　　）

5. 我国提出“3060 目标”，力争于 2030 年前实现碳中和，2060 年前二氧化碳排放达到峰值。（　　）

三、单项选择题（选择一个正确的答案，将相应的字母填入题内括号中）

1.（　　）年，住房建乡建设部印发《城市生活垃圾分类工作考核暂行办法》，该办法包含附件《城市生活垃圾分类工作考核细则》，这是首次在国家层面提出垃圾分类考核办法。

A. 2016　B. 2017　C. 2018　D. 2019

2. 生活垃圾管理的优先级依次是（　　）。

A. 垃圾投放、分类收集、分类运输、分类处置

B. 源头消减、重复使用、循环再生、能源利用

C. 重复使用、共享共享、修复再用、再生利用

D. 避免产生、利旧复用、回收利用、分类处置

3. 近年来，国家对“白色污染”进行一系列治理，全面禁止生产厚度小于（　　）毫米的超薄塑料购物袋和厚度小于 0.01 毫米的聚乙烯农用地膜，以及含塑料微珠的日化产品等产品。

A. 0.050　B. 0.045　C. 0.035　D. 0.025

4. 建议实体销售店以及快递、外卖企业推广使用（　　）。

A. 牛皮纸包装　B. 泡沫包装　C. 塑料包装　D. 可降解材料包装

5.（　　）年 10 月，党的十九届四中全会将垃圾分类列入国家治理体系。

A. 2016　B. 2017　C. 2018　D. 2019

四、多项选择题（下列每题的选项中，至少有 2 项是正确的，请将相应的字母填入题内括号中）

1. 在国家政策强制推动下，2021 年，我国垃圾分类初步形成（　　）四大运营机制。

A. 分类存放　B. 分类投放　C. 分类收集　D. 分类收运

E. 分类处置

2. 我国环境保护的基本原则包括（　　）等。

A. 谁污染谁治理、谁开发谁保护的原则

B. 政府对环境质量负责的原则

C. 经济建设与环境保护协调发展的原则

D. 预防为主、防治结合、综合治理的原则

E. 全面规划、合理布局的原则

3. 焚烧处置存在的不足是（　　）。

A. 投资额巨大　B. 空气污染

C. 日常运行维护管理费用较高　D. 二次环保处置费用较高

E. 占地面积小

4. 温室效应是指（　　）温室气体大量排向大气层，使全球气温升高。

A. 一氧化二氮　B. 二氧化碳　C. 氧气　D. 甲烷

E. 氯氟烃

5. 堆肥虽然能实现城市生活垃圾资源化、减量化处理，但存在（　　）、长期应用容易造成土壤板结和地下水质变差等问题。

A. 空气污染　　B. 植物污染　　C. 肥效低　　D. 选址难

E. 市场认可度低

测试题参考答案

一、填空题

1. 负面　2.《联合国人类环境会议宣言》或《人类环境宣言》　3. 污染担责　4. 国家治理　5. 60%

二、判断题

1. √　2. ×　3. ×　4. ×　5. ×

三、单项选择题

1. C　2. B　3. D　4. D　5. D

四、多项选择题

1. BCDE　2. ABCDE　3. ABCD　4. ABDE　5. CE

培训任务 2

垃圾分类检查技能

培训目标

- 掌握生活垃圾分类基础知识。
- 掌握生活垃圾分类标准。
- 熟悉再生资源基础知识。
- 熟悉常见的再生资源。
- 了解再生资源回收体系。
- 掌握疑难垃圾分类方法。
- 掌握垃圾分类投放技能。

学习单元 1

生活垃圾分类

一、基础知识

1. 垃圾的种类

垃圾包括工业垃圾、农业垃圾、陆源垃圾、海洋垃圾、医疗垃圾、生活垃圾。

（1）工业垃圾。工业垃圾是指制造业及其他工业在生产过程中所产生的固体废弃物，如机械工业的切削碎屑、研磨碎屑、废型砂等，食品工业的活性炭渣，建筑业的砖瓦、混凝土碎块等。

（2）农业垃圾。农业垃圾是指农村生活、农业生产以及农业加工过程中产生的废弃物。

（3）陆源垃圾。陆源垃圾是指陆地上产生的垃圾或污染物，它们通过溪流、江河进入海洋，对海洋环境造成污染及其他危害。陆源型污染、海洋型污染和大气型污染构成海洋的三大污染源。

（4）海洋垃圾。海洋垃圾是指海洋和海岸环境中具持久性的、人造的或经加工的固体废弃物。海洋垃圾主要分为海面的漂浮垃圾、海滩垃圾和海底垃圾。海洋垃圾主要来源于陆源垃圾、海洋渔业废弃物、游客废弃物、沿海居民生活垃圾等。海洋垃圾对海洋生态、海洋经济都产生负面效应。

（5）医疗垃圾。医疗垃圾是指医疗机构在医疗、预防、保健以及其他相关活动中

产生的具有直接或间接感染性、毒性以及其他危害性的废物。医疗垃圾具体包括感染性、病理性、损伤性、药物性、化学性废物。这些废物含有大量细菌和病毒，而且具有空间污染、急性病毒传染和潜伏性传染的特征，如不加强管理、随意丢弃，任其混入生活垃圾进入人们的生活环境中，就会污染大气、水源、土壤以及动植物，甚至造成疾病传播。医疗垃圾绝对不可以与生活垃圾混放。

（6）生活垃圾。生活垃圾是指人们在日常生活中或者在为日常生活提供服务的活动中产生的废弃物。生活垃圾主要包括居民生活垃圾、集市贸易与商业垃圾、街道清扫垃圾、公共场所与公共机构垃圾等。生活垃圾不包括园林绿化垃圾、动物尸体、病媒生物、医疗垃圾、建筑垃圾（含装修垃圾）、工业垃圾、危险废物（简称危废）等其他固体废物，以及突发公共卫生事件受控地区产生的生活垃圾。

2. 垃圾的属性

（1）垃圾具有污染属性。垃圾会造成环境污染，污染是垃圾的基本属性。

（2）垃圾具有资源属性。垃圾中存在部分可以重复利用、具有一定经济价值的物质，可实现资源再利用。因此，垃圾具有资源属性。

（3）垃圾具有公共属性。垃圾的投放、倾倒占用公共场地，由垃圾引发的污染造成的危害由公众承受。因此，垃圾具有公共属性。

（4）个人属性。垃圾在投放前属于私人物品，在投放后属于公共物品。正确分类、正确投放既是个人修养、公德的具体表现，又是个人遵守公共环境卫生、公共秩序的义务。因此，垃圾具有个人属性。

3. 垃圾分类的定义

垃圾分类是指按照垃圾的成分、属性、利用价值及其对环境的影响，通过建立一整套垃圾分类投放行为管理和计量收费制度，规范投放行为，约束单位、个人减少垃圾产生量，进行无害化处置防止污染，推动循环经济发展，促进碳中和的一系列活动的总称。也可以这样理解，垃圾分类是指按照国家相关规定和标准，将垃圾分类储存、投放和搬运，进而转变成公共资源的一系列绿色循环经济活动的总称。

4. 垃圾分类的指导思想

深入学习贯彻习近平总书记重要讲话精神和治国理政新理念新思想新战略，统筹推进“五位一体”总体布局和协调推进“四个全面”战略布局，贯彻落实创新、协调、绿色、开放、共享的新发展理念，加快建立分类投放、分类收集、分类运输、分类处理的垃圾处理系统，形成以法治为基础、政府推动、全民参与、城乡统筹、因地制宜的垃圾分类制度，努力提高垃圾分类制度覆盖范围，将生活垃圾分类作为推进绿色发展的重要举措，不断完善城市管理和服务，创造优良的人居环境。

5. 垃圾分类的目的

开展垃圾分类对生态、经济、社会三方面都具有直接、间接的有益影响。开展垃圾分类，能最大限度地减少垃圾处理量，控制固体废弃物污染，改善生态环境，推动美丽中国建设；开展垃圾分类，能最大限度地实现废弃物的综合利用，减少原生态资源的开发，实现国家绿色循环经济的战略转变；开展垃圾分类，能提升社区治理能力，提高居民素质，促进社会精神文明建设。

垃圾分类是实现减量、提质、增效的必然选择，是改善人居环境、促进城市精细化管理、保障可持续发展的重要举措。能不能做到垃圾分类，直接反映一个人，乃至一座城市的生态素养和文明程度。

6. 垃圾分类的现阶段总体目标

到 2025 年，居民普遍形成生活垃圾分类习惯，全国城市生活垃圾回收利用率达到 35% 以上。

二、生活垃圾的分类标准

行业标准《城市生活垃圾分类及其评价标准》（CJJ/T 102—2004）将城市生活垃圾分为六类——可回收物、大件垃圾、可堆肥垃圾、可燃垃圾、有害垃圾、其他垃圾。国家标准《生活垃圾分类标志》（GB/T 19095—2019）将生活垃圾归结为四大类——可回收物、厨余垃圾、有害垃圾和其他垃圾，其中厨余垃圾从可堆肥垃圾更名而来。国家标准 GB/T 19095—2019 还提出大件垃圾［参考《大件垃圾收集和利用技术要求》（GB/T 25175—2010）］和装修垃圾应单独分类。

1. 可回收物

可回收物是指适宜回收、可循环利用的生活废弃物。可回收物分类标准如下。

（1）纸类。例如：报纸、杂志、书本、笔记本、办公用纸、宣传单、宣传册、纸袋、纸盒、纸箱、纸板、包装纸、干净牛奶盒、纸基复合包装物（利乐包）等。

（2）塑料制品类。例如：各类塑料瓶（用于盛装矿泉水、饮料、酱油、食用油、洗洁精、洗发露、沐浴露、护肤品、护发素、洗手液等）、塑料食品包装物（如塑料酸奶盒等）、保鲜袋、塑料托盘、网眼口袋、塑料筐（箱）、塑料桌椅、塑料桶（如垃圾桶、水桶等)、塑料电子产品(含有丙烯腈－丁二烯－苯乙烯树脂、聚苯乙烯、聚碳酸酯、聚氯乙烯、聚酰胺等材料)、工程塑料手机壳、塑料餐具、塑料盆、塑料玩具、篮球、足球、铝箔保温袋、塑料办公用品、废轮胎(包括内外胎)、橡胶手套、线缆皮、施工安全帽、运输带、塑料拼接地垫、编织袋,以及泡沫板、亚克力板、KT 板(一种由聚苯乙烯颗粒经过发泡生成的板芯)、珍珠棉、泡棉、泡沫塑料等。

(3)玻璃制品类。例如:玻璃容器(如化妆品瓶、清洗用品瓶、食品容器等)、玻璃碴、建筑窗户和车窗玻璃、平板玻璃、玻璃工艺品、玻璃放大镜、眼镜片(玻璃材质)、玻璃弹珠、搪瓷制品、玻璃纤维制品等。根据回收工艺不同,玻璃分为无色玻璃、绿色玻璃、棕色玻璃。

(4)金属类。例如:指甲剪、剪刀、金属玩具、金属画(相)框、剃须刀、刀片、金属配件、金属工具(如钢卷尺等)、金属罐、金属钥匙扣、铁管、铁板、铁棒、保险箱、厚铝制品、金属伞骨架、煤气灶、金属打气筒、钉子、螺钉、铁锹、煤气罐、化妆品金属容器、洗护用品金属容器、食品饮料金属容器、金属盆、金属保温杯(壶)、金属餐具炊具(如饭盒、碗、杯子、筷子、勺子、餐盘、刀、锅、烤盘、烧烤架等)、杠铃、哑铃、金属衣架、羽毛球拍、手电筒、自行车及车铃或车篮、晾衣杆、毛巾架、花架、锁、钥匙、铰链、滑板车、金属票夹、金属挂钩、金属登山杖、金属手机壳、钢丝球等。

(5)织物类。例如:干净的毛巾浴巾、床单、丝绸制品、书包、纯棉或涤纶材质的窗帘、纯棉或涤纶材质的衣物、毛绒(布)玩偶、地毯、无纺布或帆布材质的包和手提袋、羽绒服、帐篷、棉絮等。

(6)电器电子产品类。例如:烤箱、微波炉、豆浆机、电饼铛、搅拌机、净水器、手机、相机、摄像头、游戏机、随身听、移动电源、遥控器、U 盘、硬盘、网线、磁盘、充电器、电路板、电线、插座、打印机、复印机、传真机、监视器、各类计算机(台式计算机、笔记本计算机、平板计算机)、电话机、指南针、鼠标、吸尘器、键盘、音响、收音机、扫地机、电动牙刷等。

(7)木材类。例如木制品,包括积木、木盆、木制工艺品等。

2. 厨余垃圾

厨余垃圾又称湿垃圾,是指易腐的、含有机物质的生活垃圾,包括家庭厨余垃圾、餐厨垃圾、其他厨余垃圾。家庭厨余垃圾主要是指家庭厨房加工食物后的余物和剩饭剩菜,其含油量较少、经济价值不高。一般没有人会单独收集此类垃圾,在乡村通常用来堆肥,即在好氧环境下,运用多种微生物分解其中的有机物,并将有机物转化为腐殖肥料。餐厨垃圾主要是指饭店、宾馆、单位食堂的剩饭剩菜(俗称泔水)、废油,其含油量较高，经提炼可以生产润滑剂、洗涤剂和肥皂，也可以生产生物柴油、航空煤油，附加值比较高。不法分子往往通过勾兑的方式将废油混入食用油中，普通人难以辨别，因此餐厨垃圾是一种难以管理的垃圾。其他厨余垃圾主要是指食品加工场所、农贸市场、农产品批发市场产生的残余物。

（1）厨余垃圾的特点。厨余垃圾具有四高的特点，具体如下。

1）含水率高。通常情况下，餐厨垃圾的含水率高达 70%~90%，这就意味着其热值低，收集、运输和处理的难度都较大。

2）盐分含量高。餐厨垃圾含有大量无机盐，尤其是氯化钠（俗称盐）。有研究表明，盐和金属离子（如 Fe^{3+} 和 Al^{3+}）可增加培养液的渗透压，抑制酵母菌的生长，降低生物乙醇的发酵效率。另外，在餐厨垃圾的厌氧消化过程中，盐和金属离子对甲烷的产生具有抑制作用。

3）有机物含量高。餐厨垃圾的主要成分为有机物和可生物降解物质，它们占干物质总量的 95% 以上。其中，碳水化合物（淀粉、纤维素、半纤维素等）的含量约占 60%，蛋白质的含量约占 20%，脂肪的含量约占 10%。有机物含量高，容易导致餐厨垃圾腐败、发臭，滋生有害生物。

4）油脂含量高。餐厨垃圾中的油脂如不经处理而直接排入市政下水管网，则可能会黏附于管壁上进而造成管路堵塞。另外，油脂含量高会使餐厨垃圾的厌氧消化过程不稳定，影响有机物的沼气转化率。

（2）厨余垃圾的分类标准

1）家庭厨余垃圾。家庭厨余垃圾是居民在家庭日常生活中产生的厨余垃圾，具体包括以下几类。

①食物类。例如：火锅汤底、剩米饭、剩面食、剩菜、鱼骨、细碎骨头、茶叶渣、咖啡渣、中药渣等食物残渣。

②蔬果类。例如：蔬菜茎叶、烂瓜果及其茎枝、瓜果皮、瓜果子核、甘蔗渣、干果仁、玉米棒、过保质期的粮食类产品及豆类产品等。

③动物及海鲜类。例如：鸡鸭内脏、鱼内脏、蛋壳、腐肉、螃蟹壳、虾壳、死虾烂蟹、鱼鳞等。

④过期变质的熟食品。例如：过期的零食、糕点、饼干等。

⑤其他。例如：奶粉、面粉、糖、香料等粉末状食品残余，罐头食品和果酱、番茄酱等调味品残余，宠物饲料残余，家养草本类植物的残枝落叶。

2）餐厨垃圾。餐厨垃圾是由相关企业和公共机构在食品加工、饮食服务、单位供餐等活动中产生的。例如：菜叶、剩菜剩饭、果皮、骨头、谷物食品加工废料、肉蛋食品加工废料、水产食品加工废料、废弃食用油脂等。

3）其他厨余垃圾。其他厨余垃圾具体包括以下几类。

①蔬果类。例如：废弃蔬菜茎叶、烂瓜果等。

②禽畜类。例如：鸡鸭内脏、蛋壳、猪牛羊内脏、腐肉等。

③水产品类。例如：螃蟹壳、虾壳、死虾烂蟹、鱼鳞、鱼内脏等。

3. 有害垃圾

有害垃圾是指对人体健康或者自然环境造成直接或者潜在危害的生活废弃物。具有毒性、腐蚀性、可燃性和易反应性的废物都可划为有害垃圾，必须强制分类。有害垃圾的分类标准具体如下。

（1）电池类。例如：废铅蓄电池、废镉镍电池、废氢镍电池、废氧化汞电池、废锂电池（包括锂金属电池和锂离子电池）等。

（2）水银（汞的俗称）类。例如：废含水银温度计、废含水银血压计等。

（3）废灯管类。例如：废节能灯、废荧光灯、废卤素灯、废日光灯等。

（4）废药品类及其包装物。例如：过期的药片、胶囊、膏药、眼药水、注射器、医用棉签，以及与过期药品直接接触的包装物等。

（5）废油漆和溶剂类及其包装物。例如：废油漆及废油漆桶、废化学试剂及其包装物、废硒鼓墨盒及其包装物等。

（6）废胶片及废相纸类。例如：废旧照片、废相纸、废胶片、废胶卷、废 X 光片、废 CT 片等。

（7）家用化学品类。例如：过期的洗涤剂、消毒剂、涂料、染发剂、烫发剂、过期的指甲油、洗甲水、过期的化妆品、修正液、香水、杀虫（驱虫）剂、空调清洗剂及其包装物等。

（8）废矿物油及其包装物。例如：废凡士林、废石蜡及其包装物，以及废煤油、废汽油、废分散油、废松香油等废油及其包装物。

（9）废弃农药及其包装物类。此处不举例，请读者自行查阅相关资料。

4. 其他垃圾

其他垃圾又称干垃圾，是指无再利用价值，对环境基本不产生负面影响，相对难以降解的垃圾。其他垃圾分类标准如下。

（1）污染纸制品类。例如：使用过的一次性餐具、包装纸、餐巾纸、卫生纸、厨房用纸、糖果纸、条码纸、热敏纸、便笺、贴画纸、墙纸、纸尿裤、复写纸，以及燃放过的烟花爆竹等。

（2）厨余类。例如：猪牛羊大骨头、大鱼骨、生蚝壳、扇贝壳、螺蛳壳等。

（3）塑料类。例如：使用过的塑料袋、脏污的塑料制品、胶带、塑料桌布、保鲜膜（袋）、塑料扫把和簸箕、牙膏皮和牙刷、浴球和浴帽、各类刷子、化妆棉、睡袋、塑料吸管、塑封膜、橡皮筋、快递塑料包装袋、气泡袋（膜）等。

（4）织物类。例如：脏污织物（旧的衣物、抹布、百洁布、拖把头、搓澡巾等）、狗尿垫、旧鞋垫、各类绳子、废脚踏垫等。

（5）水果类。例如：榴莲壳和核、椰子壳、坚果壳、菠萝蜜核等。

（6）陶瓷类。例如：破碎的陶瓷制品、搪瓷碎片、陶瓷碗、陶瓷杯、陶瓷勺子、陶瓷坛、陶瓷盆、陶瓷瓶和陶瓷工艺品等。

（7）其他。例如：粽子叶、烟蒂、灰土、炉渣、口香糖、创可贴、海绵、打火机、橡皮泥、太空沙、笔芯、毛发、计生用品、猫砂、黏结剂、干燥剂、颜料、蜡笔、油画棒、水彩笔芯、荧光棒、面膜、热水瓶内胆、瓶塞、非金属筷子、非金属勺子、烘焙用具、乒乓球、羽毛球、羽毛球拍、沙袋、拳击手套、火柴、蜡烛、碱性无汞电池、碳性电池、铅笔、橡皮、印泥、图钉、唱片、光盘、滤芯、手机膜、手机卡、竹制品、家养木本植物枝干，以及健康人使用的生活类口罩等。

5. 大件垃圾

大件垃圾是指生活中产生的质量超过 5 千克或体积大于 0.2 立方米或长度超过 1 米，整体性强因而需要拆解后再利用或处理的废弃物。大件垃圾应与其他生活垃圾分开储存、收运、资源再利用。大件垃圾的分类标准具体如下。

（1）废旧家具类。例如：床架、床垫、衣柜、橱柜、沙发、茶几、桌子、床头柜、书柜、电视柜等。

（2）废旧大家电类。例如：冰箱、洗衣机、空调、冰柜、抽油烟机、电视机等。

（3）园林绿化垃圾类。例如：绿化施工、修剪产生的树干、树枝、树叶等。

（4）其他。例如：电动车、椅子、行李箱、健身器材等。

6. 装修垃圾

装修垃圾是指住宅、办公场所、商业场所等室内建筑在装修过程中产生的垃圾，主要包括装修过程中产生的废弃装饰材料边角料、废砖、废瓷、废混凝土、废油漆、废金属、废塑料、废木材、卫浴、台盆等。装修垃圾不仅成分复杂，而且含有许多有毒物质，因此需要对装修垃圾进行分类投放、分类收集、分类运输。装修垃圾属于建筑垃圾一类，但由于其产生源及成分明显不同于传统建筑垃圾，因此有必要在管理及收运上将其另列为一类。

三、疑难垃圾分类

1. 模糊分类原则

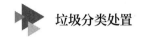

随着科技的不断进步和居民消费品范围的不断扩大，有时人们在消费后很难判断垃圾的种类，此时可以采用以下原则进行分类：一是分不清厨余垃圾和其他垃圾时，按照其他垃圾投放；二是分不清可回收物和其他垃圾时，按照可回收物投放；三是分不清其他垃圾和有害垃圾时，按照有害垃圾投放；四是分不清可回收物和有害垃圾时，按照有害垃圾投放。

由于各城市后端处置技术、能力以及垃圾分类项目进度安排存在一定差异，因此以上模糊分类原则仅供参考，具体可根据当地实际情况做适当调整。

2. 常见的疑难垃圾

（1）宠物粪便及相关宠物废弃物。宠物粪便不属于垃圾，不能进入垃圾系统，应进入城市粪便处理系统。若宠物粪便中混杂着不可降解的猫砂等废弃物，则不能进入城市粪便处理系统，应先对其进行分离处理，再将其包裹好作为其他垃圾投放。

（2）宠物尸体。动物尸体不属于生活垃圾。对于违法弃置在城市公共场所的死亡动物及其附属物品，应进行无害化消毒处理，并通过焚烧、深埋、化制或其他物理、化学、生物方法等进行最终处理，以彻底消灭病害因素，保障人畜的健康安全。当家庭饲养的宠物正常死去后，可以交给宠物无害化处理机构处理，或到郊外做深埋处理。

（3）一次性餐盒。一次性发泡餐盒由于不耐高温，且制作过程对环境造成破坏已被禁用，取而代之的有一次性塑料餐盒、一次性纸质餐盒、一次性铝箔餐盒、一次性可生物降解餐盒等。在各类材质中，塑料因具有毒性较低、熔点较高、可塑性较强、生产简便及相对成本较低等特点，已经成为制造一次性餐盒的主流材料。

1）一次性聚丙烯塑料餐盒。常见的一次性聚丙烯塑料餐盒属于可回收物，用完需要洗净、擦干后投入可回收物垃圾桶。

2）一次性纸质餐盒。一次性纸质餐盒的原材料多为木浆，制作时先经过冲压成型、定型，再在其表面上涂一层薄薄的食品级聚乙烯塑料涂层，其制作工艺复杂，回收、分解难度较大。纸质餐盒属于其他垃圾。

3）一次性铝箔餐盒。一次性铝箔餐盒的质量优于一次性纸质餐盒，可以用明火对其进行加热。一次性铝箔餐盒保温效果较好，属于可回收物。

4）一次性可生物降解餐盒。一次性可生物降解餐盒通常是指能在自然界存在的微生物如细菌、真菌和藻类的作用下降解的餐盒。目前，一次性可生物降解餐盒还无法被回收利用，属于其他垃圾。

（4）塑料袋。一般透明的塑料袋属于可回收物；而有颜色、不透明的塑料袋，如菜市场中常用的花色塑料袋、黑色垃圾袋大多是由回收后的塑料二次加工制成的，这类塑料袋回收价值太低，属于其他垃圾。

目前，市面上能见到的塑料袋材质多是不可降解的热塑性塑料，可以回收再利用。但是，由于生产塑料袋的原料价格低廉易得，塑料袋回收再生利用成本较高、回收效益较低，因此塑料袋的回收再生工作推进困难。实际上，大部分塑料袋都与生活垃圾混在一起进行焚烧处理。

（5）各类电池。（2003 年 10 月 9 日实施的《废电池污染防治技术政策》2016 年 12 月 26 日修订）规定，从 2005 年 1 月 1 日起停止生产含汞量大于 0.000 1% 的碱性锌锰电池。随着技术的进步和生产工艺的更新，市面上主流干电池的主要成分有锌、二氧化锰、氢氧化钾等，不含有汞或仅含有微量的汞，因而不会对人和环境造成伤害，属于其他垃圾。

可多次使用的铅蓄电池、镉镍电池、氢镍电池、氧化汞电池、锂电池等，如充电宝、手机电池、计算机电池、扣式电池、电动车充电电池等，它们含有重金属，不可以随意丢弃，要投入有害垃圾桶。

（6）家用化学品。盛装护发素、洗发水、沐浴露、洗衣液、洗洁精等家用化学品的瓶子，在倒出残液、清洗后可回收。

过期的化妆品、染发剂以及被病菌污染过的废织物等，属于有害垃圾。

（7）家用易燃易爆品。家用易燃易爆品除了包括天然气、液化气、油漆、酒精、香蕉水、打火机，还包括一些常用但不被重视的物品，如花露水、香水、指甲油、啫喱膏、止汗液、驱蚊水、杀虫剂、空气清新剂、罐装碳酸饮料等。其中，花露水较为危险，它的酒精含量为 70%~75%，燃点仅为 24 摄氏度，投放前应用尽、洗净，以免在投放、运输过程中遇高温、碰撞而引起自燃或爆炸。

（8）电灯。常见的家庭照明电灯包括钨丝灯、卤素灯、荧光灯、LED（发光二极管）灯等。钨丝灯中的钨丝是一种战略金属，因此，钨丝灯属于可回收物。卤素灯含有石英管、钨元素、钼元素和混合气（二溴甲烷、氪气和氮气），荧光灯和 LED 灯含有汞元素，这些灯都属于有害垃圾。

（9）电器电子产品。废弃的电视机、冰箱、洗衣机、空调以及各类计算机、打印机、复印机、手机、微波炉、电话机等电器电子产品均可回收，但从中拆解、分离出来的铅玻璃、线路板、压缩机、单独收集的制冷剂、废荧光粉、废电动机等，都属于危险废物。

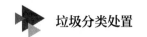

（10）口罩。口罩的种类很多，常见的有一次性医用外科口罩、N95 口罩、海绵口罩、活性炭口罩等。用过的废弃口罩在投放时主要看使用场景。健康人群使用过的口罩应按生活垃圾进行处理，可将其放入塑料袋、扎紧密封后投入其他垃圾桶。若专门设置了口罩收集容器，则应将其投入其中。病人和医生佩戴过的口罩应视作医疗废物，不可随意丢弃，应按医疗废物的有关流程处理。

相关链接

一般可回收物、低值可回收物、不易回收物的区别

一般可回收物是指具有一定回收再利用价值，能够在回收交易中获得一定差价的可回收物。生活垃圾中的一般可回收物包括废书报、印刷品、包装纸、饮料瓶、大小家电、金属制品、塑料制品等。

低值可回收物是指具有一定循环利用价值，但在垃圾投放过程中容易混入其他垃圾，需要经过多道工序才能被循环利用，回收成本较高，经济附加值较低的废弃物；或单靠市场调节难以有效回收处理，需要经过规模化回收、集中处理才能重新获得循环使用价值的废弃物。

不易回收物是指被污染过、不能进行二次分解再利用的回收物。

常见的低值可回收物和不易回收物见表 2–1。

表 2–1　常见的低值可回收物和不易回收物

品类	低值可回收物	不易回收物
纸类	食品外包装盒、购物袋等	污损的废纸、餐巾纸、卫生纸、一次性纸杯、厨房用纸等
塑料类	塑料袋、橡胶制品（桌垫、杯垫、雨衣等）、聚氯乙烯包装盒、人造革、气泡膜、铝箔保温袋、珍珠棉、泡棉、泡沫塑料	污染塑料袋、一次性手套、盛装过有害家用化学品的塑料容器等
玻璃类	碎玻璃、食品及日用品玻璃罐、玻璃杯、放大镜等	玻璃钢制品等
织物类	外衣、裤子、床上用品、鞋、毛绒玩具等	内衣、丝袜等
复合材料类	利乐包等	镜子、笔、橡皮泥等
其他	小型木制品、砧板等	陶瓷制品、竹制品、一次性筷子、隐形眼镜等

学习单元 2

再生资源回收

一、基础知识

1. 再生资源的定义

再生资源（recyclable resource）是指在社会生产和生活消费过程中产生的，已经失去原有全部或部分使用价值，经过回收、加工、处理，能够重新获得价值和使用价值的各种废弃物。垃圾分类四分法中的可回收物属于再生资源。

2. 再生资源的分类

商务部在 2007 年 5 月 1 日公布《再生资源回收管理办法》，将再生资源分为以下几种：废旧金属、报废电子产品、报废机电设备及其零部件、废造纸原料（如废纸、废棉等）、废轻化工原料（如橡胶、塑料、农药包装物、动物杂骨、毛发等）、废玻璃等。我国再生资源交易市场上交易的种类有塑料、纸类、电池、纺织皮革、有色金属、电器电子产品、轮胎、玻璃和杂货（包括木头、编织袋等），每一种还有具体的细分类。在国际贸易上，我国海关总署公布的废料分类目录和报关办法对进口废物也有一套分类标准。

再生资源从来源上分为生产性再生资源、生活性再生资源和其他特定废旧物品。其中，生产性再生资源又分为工业固体废物再生资源、农业固体废物再生资源、建筑固体废物再生资源、其他生产领域固体废物再生资源。在工业固体废物再生资源中，大宗工业固体废物是很重要的一类。大宗工业固体废物是指单一种类的年产生量在1亿吨以上的工业固体废物，包括煤矸石、粉煤灰、尾矿、工业副产石膏、冶炼渣、建筑垃圾、农作物秸秆共七个品类，是资源综合利用的重点领域。其他特定废旧物品包括旧电子产品拆解产生的有毒有害器件、废旧电池、废旧医疗器械等，又称危险废物，它具有毒性、腐蚀性、反应性、易燃性、浸出毒性等特性。

其他常见的再生资源分类情况如下：按危险状况可分为有害废物和一般废物；按形状可分为块状废物、粒状废物、粉状废物和泥状的污泥；按化学性质可分为有机废物和无机废物；按管理方式可分为工业固体废物、农业固体废物、城市固体废物（城市垃圾）和危险固体废物（有害固体废物）；按是否含有金属可分为金属类废物和非金属类废物，金属类废物包括黑色金属、有色金属、其他金属，非金属类废物包括橡胶、纸张、塑料、玻璃、织物、木材等。

2019年，我国主要再生资源品种及其占比如图2-1所示。

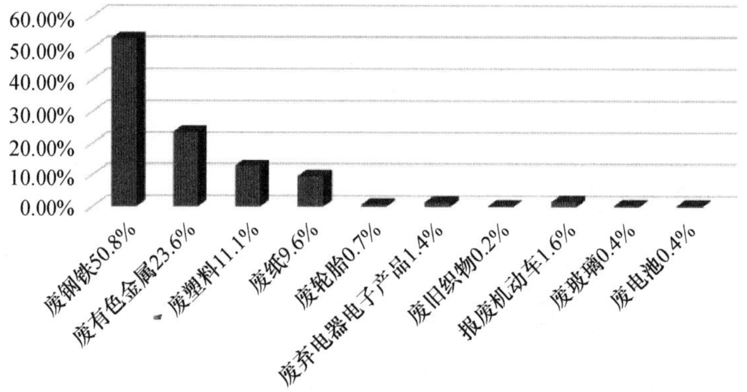

图2-1　我国主要再生资源品种及其占比（来源于中商产业研究院2019年数据）

3. 再生资源综合利用过程中相关职能部门的职责

国家发展改革委负责行业发展的宏观管理和综合协调，制定行业准入条件和相关产业政策等。

商务部负责制定再生资源回收的政策、标准和发展规划，主管报废机动车回收和拆解的监督管理工作，以及再生资源回收网点、分拣中心、集散市场三位一体回收网络体系的建设工作。

工业和信息化部负责审批、核准固定资产投资项目，实施节能、资源综合利用和清洁生产的促进工作。

生态环境部负责建立健全环境保护基本制度、拟定国家生态环境政策，负责生态环境准入的监督管理、生态环境监督执法以及重大生态环境问题的统筹协调和监督管理工作。各级地方生态环境部门负责对本行政区域内环保政策的具体执行实施监督管理。

二、常见的再生资源[①]

1. 废旧金属

常见的废旧金属种类见表 2–2。

表 2–2　　常见的废旧金属种类

种类		说明
黑色金属	废钢	不锈钢 201、202、301、304、316、420、430 等
	废铁	生铁、铸铁等
有色金属	废铜	黄铜、黄杂铜、红铜、青铜、磷铜、漆包线等
	废铝	生 / 熟铝、铝粉、铝渣、铝模、铝合金等

2. 废塑料

根据受热后性质的不同，塑料分为热塑性塑料和热固性塑料。

热塑性塑料分子具有线型结构，在受热时发生软化或熔化，可塑制成一定形状，冷却后变硬，再次受热到一定程度又重新软化或熔化，再次冷却后又变硬，这种过程能够反复进行多次。热塑性塑料包括聚氯乙烯塑料、聚乙烯塑料、聚苯乙烯塑料等，可以回收。生活中的废塑料通常是热塑性塑料，主要有饮料瓶、包装袋、泡沫包装物等。

热固性塑料分子具有体型结构，在受热时也发生软化，可以塑制成一定形状，但受热到一定程度或加入少量固化剂后，就硬化定型，再次加热也不会变软或改变形状。热固性塑料包括酚醛塑料、环氧塑料、氨基塑料、不饱和聚酯塑料、醇酸塑料等，不能回收再利用。

常见的废塑料及其来源见表 2–3。其中，材质编号 1~7 分别代表不同塑料，常见于塑料瓶底部的可回收再生利用三角形图形内，如图 2–2 所示。常用的塑料回收分类标志见表 2–4。

① 此部分仅指生活性再生资源。

表 2–3　常见的废塑料及其来源

材质编号	名称		主要来源
1	PET	聚对苯二甲酸乙二酯	矿泉水瓶、碳酸饮料瓶、食用油瓶、调味瓶、化妆品瓶、沐浴露瓶、洗发露瓶、食品包装盒等
2	HDPE	高密度聚乙烯	日用品及工业用品的容器以及管材、托盘等
3	PVC	聚氯乙烯	建筑材料、工业制品、地板革、地板砖、管材、扣板、人造革、线缆皮、家用化学品瓶、礼品盒等
4	LDPE	低密度聚乙烯	农膜、工业用包装膜、食品包装薄膜、日用品包装、线缆皮等
5	PP	聚丙烯	餐盒、饮料瓶和瓶盖，以及日用品如塑料凳、塑料玩具、塑料盆、塑料桶、塑料衣架、塑料水杯等；纺成丝的聚丙烯称为丙纶，可制成纺织品、无纺布、绳索、渔网、编织袋等
6	PS	聚苯乙烯	发泡餐盒、泡沫箱、家电外壳等
7	PC	聚碳酸酯	水杯、光盘、饮用水桶等
	ABS	丙烯腈－丁二烯－苯乙烯共聚物	琴键、按钮、家电外壳、高端汽车保险杠等
	PA	聚酰胺（俗称尼龙塑料）	梳子、牙刷、衣钩、扇骨、食品外包装袋、机械设备齿轮、扎带等

图 2–2　塑料瓶底部的可回收再生利用三角形图形

3. 废纸

废纸包括旧报纸、书本、杂志、纸质包装物、纸板箱、废牛皮纸、废纸基复合包装等。

4. 废橡胶

废橡胶包括废轮胎、其他废橡胶制品等。

表 2-4　　常用的塑料回收分类标志

标志名称	标志图形
可重复使用	
可回收再生利用	
不可回收再生利用	
再生塑料	

5. 废玻璃

废玻璃包括平板玻璃、玻璃瓶、其他废玻璃制品等。

6. 废旧织物

废旧织物包括旧衣服、旧棉絮等。

7. 废弃电器电子产品

废弃电器电子产品可分为家庭生活类和办公用品类。常见的废弃电器电子产品见表 2–5。

表 2–5　　常见的废弃电器电子产品

类别	产品	类别	产品
家庭生活类	冰箱 空调 电视机 洗衣机 热水器 吸油烟机	办公用品类	打印机 复印机 传真机 计算机 电话机

8. 废旧木材

废旧木材包括办公桌椅、橱柜、家具等。

9. 废旧电池

废旧电池包括铅蓄电池、镉镍电池、氢镍电池、氧化汞电池、锂电池等。

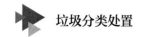

三、再生资源回收的定价因素

影响再生资源回收价格的因素主要表现在以下三个方面：一是国际、国内大宗原料商品市场行情，比如，当国际铁矿石价格上涨时，国内废钢铁回收价格将会随之上涨；二是原料市场行情波动，如动力电池回收价格主要考虑电池中镍、钴、锰、锂等金属的市场价格波动；三是政府对于低值废弃物回收的补贴政策。

四、再生资源的回收体系

1. 回收环节

我国再生资源回收主要以传统贸易为主，大致分为以下五个回收环节。

（1）拾荒者拾捡。拾荒者拾捡再生资源（即回收物）后售出，回收成本趋近于零。

（2）小商贩走街串巷收购。小商贩收购拾荒者的可回收物再售出，从中获取利润。

（3）回收站（点）收购。回收站（点）收购拾荒者和小商贩的可回收物再售出，从中获取利润。

（4）分拣中心收购。分拣中心收购回收站（点）的可回收物，对其进行粗加工后再销售给利废企业，从中获取利润。

（5）集散市场交易。经汇集、加工、处置的再生资源在集散市场中进行交易，产生规模化市场效益。

2. 交售模式

（1）市场交售。市场交售是指由流动回收个体（即小商贩）、固定回收站（点）采用现场回收或在线预约回收方式直接交售。

（2）约定交售。约定交售是指签订合同，由再生资源回收员驻点或上门按合同约定固定回收。

（3）回购交售。政府鼓励电器电子产品生产者自行或者委托销售者、维修机构、售后服务机构、废弃电器电子产品回收经营者回收废弃电器电子产品，即回购交售。回收的废弃电器电子产品应当交由具备法定条件的企业处理。

（4）定向交售。从事餐饮服务、食品生产加工、集体供餐等活动的单位应将其产生的易腐垃圾定向交由具备条件的单位收集、运输、处理，即定向交售。这些单位不得将易腐垃圾直接排入公共水域、厕所、市政管道或者混入其他类型生活垃圾中。

3. 回收体系建设

2021 年，《中华全国供销合作总社关于加快推进供销合作社再生资源业务高质量发展的指导意见》提出：到“十四五”末，全系统共发展标准规范的城乡回收网点 8 万个，建设分拣技术先进、环保处理设施完备、劳动保护措施健全的绿色分拣中心 2 000 个，综合利用园区（基地）300 个，年销售额超过 10 亿元的龙头企业达到 30 家；形成“村级收集 + 乡镇转运 + 县域处理 + 再生资源基地综合利用”覆盖城乡的供销合作社再生资源回收利用体系。

（1）积极建设现代化回收网点。有重点、有步骤地建设现代化回收网点，对现有回收网点实施标准化改造、规范化经营，打造规范有序、整洁环保的示范网络。在回收网点空白地区，新建一批规范化、标准化回收网点。依托龙头企业，采取收购、加盟、租赁等方式，对社会回收网点和个体经营者进行规范整合，扩大网络覆盖面。

按照便于交售的原则，在城区每 1 000~1 500 户居民建议配置 1 个回收站（点），在乡镇每 1 500~2 000 户居民建议配置 1 个回收站（点）。

回收站（点）面积原则上不少于 10 平方米，门面招牌采用统一、规范的站名和设计方案，并严格按照“七统一、一规范”（统一规划、统一标识、统一着装、统一价格、统一计量、统一车辆、统一管理及经营规范）的要求进行建设。

回收站（点）建设要符合当地城市总体规划，设计及装修风格要与社区环境相协调。社区回收站（点）要采用绿色环保的轻型建筑材料进行全封闭处理，不影响当地市容市貌，其排污设施要完善且符合当地的环境保护要求。

社区回收站（点）的从业人员必须经过培训，通过岗位考试，持证上岗。

从社区回收站（点）至中转站再至再生资源集散市场的运输过程中，应采用封闭式运输设备，既要保证社区回收站（点）再生资源能及时运出，又要避免造成新的环境污染和火灾隐患，封闭式运输设备要配备符合消防安全管理规定的消防安全设施。

（2）大力发展绿色分拣中心。分拣中心是指对回收体系聚集的再生资源进行分选、拆解、剪切、破碎、清洗、打包、储存等专业化和规模化初加工，为回收利用企业提供合格再生原料的场所。分拣中心一般分为专业型分拣中心和综合型分拣中心。专业型分拣中心是指对单一品类再生资源进行分选、加工、预处理的场所。综合型分拣中心是指对两种或两种以上再生资源进行分选、加工、预处理的场所。

可按照土地集约、生态环保的原则，根据当地再生资源产生量和回收量，在中心乡镇和城市近郊新建一批专业化、绿色化、现代化的再生资源分拣中心，提高垃圾分类后可回收物分拣加工的集约化程度，打造对接产业上下游的服务平台。若对现有分拣中心进行升级改造，应采用先进的技术，提高经营管理水平，提升分拣处理功能。

（3）优化布局综合利用再生资源产业园区。在资源富集区按照布局合理、产业集聚、土地集约、生态环保的原则，加快建设一批高起点、高标准、高水平的区域性综合利用园区（基地），引导回收利用企业进入园区（基地），促进产业集聚化发展。按照“无废城市”建设要求，积极参与国家“城市矿山”示范园区、循环经济示范园区、资源综合利用基地建设，推动集中拆解处理，加强过程中的污染治理，合理延伸产业链，提高集约化、规模化处理水平。

相关链接

1. 概念

（1）城市矿山。相关资料显示，在工业革命后经过300多年的掠夺式开采，全球80%以上可工业化利用的矿产资源已从地下转移到地上，并以垃圾的形态堆积在人们居住地周围，如富含锂、钛、金、铟、银、锑、钴、钯等稀贵金属的废旧家电、电子产品，这类垃圾总量高达数千亿吨，且还在以每年100亿吨的数量增加。开发一个城市的再生资源项目，就等于开发一座同等金属量规模的“矿山”。因此，城市废弃的再生资源被称为“城市矿山”。

（2）无废城市。2018年，国务院办公厅印发《“无废城市”建设试点工作方案》，该通知明确指出：“无废城市”是以创新、协调、绿色、开放、共享的新发展理念为引领，通过推动形成绿色发展方式和生活方式，持续推进固体废物源头减量和资源化利用，最大限度减少填埋量，将固体废物环境影响降至最低的城市发展模式。“无废城市”并不是没有固体废物产生，也不意味着固体废物能完全资源化利用，而是一种先进的城市管理理念，旨在最终实现整个城市固体废物产生量最小、资源化利用充分、处置安全的目标。现阶段，要通过“无废城市”建设试点，统筹经济社会发展中的固体废物管理，大力推进源头减量、资源化利用和无害化处置，坚决遏制非法转移倾倒，探索建立量化指标体系，系统总结试点经验，形成可复制、可推广的建设模式。“无废城市”聚焦城市固体废物产生的根源，是针对社会经济发展和居民生活消费模式提出的一个新理念。

“无废城市”建设已成为国家生态文明建设的重点内容。2021年11月，中共中央、国务院《关于深入打好污染防治攻坚战的意见》明确提出，稳步推进“无废城市”建设。2021年12月，生态环境部等18个部门联合印发《“十四五”时期“无废城市”建设工作方案》，该方案提出：到2025年，“无废城市”固体废物产生强度较快下降，综合利用水平显著提升，无害化处置能力有效保障，减污降碳协同增效作用充分发挥，基本实现固体废物管理信息“一张网”，“无废”理念得到广泛认同，固体废物治理体系和治理能力得到明显提升。在全国范围内进一步开展“无废城市”建设工作，是贯彻新发展理念、构建新发展格局、实现高质量发展的重要体现，与打好污染防治攻坚战、推动实现碳达峰和碳中和、建设美丽中国等目标规划相契合。

“无废城市”建设工作分为四个环节，包含垃圾源头分类和减量、分类收集和运输、资源化利用、无害化处理，以垃圾源头分类和减量、资源化利用为主要工作。“无废城市”建设指标体系共设五个一级指标（即固体废物源头减量、固体废物资源化利用、固体废物最终处置、保障能力、群众获得感），下设 18 个二级指标和 59 个三级指标。

2019 年 5 月，全国首批“11+5”个“无废城市”建设试点工作全面启动。

2. 再生资源对碳减排的贡献

再生资源是循环经济的关键组成部分，也是国家重要战略资源。实现再生资源循环利用是实现碳达峰和碳减排的重要抓手。使用再生资源与使用原生资源相比，可以节约能源、减少污染、有效保护生态环境。在当前原生资源日益短缺、开采成本不断上升的态势下，充分利用再生资源，既能降低成本，又能减少碳排放和污染物排放，还能为经济建设提供保障。

研究表明，废钢铁、废有色金属，废纸、废塑料、农业秸秆、林业废弃物，以及动力电池这些再生资源的回收再利用潜力较大。

在钢铁制造领域，过去三十多年里，随着国内钢材消费量迅速增长，国内废钢资源也迅速增长。根据中国废钢铁应用协会整理的数据，回收 1 吨废钢铁可炼制成品 0.9 吨，比用矿石冶炼节约 47% 的资源，可节约 0.4 吨焦炭或者 1 吨原煤，可节约 1.4 吨铁矿石，可减少 1.5 吨二氧化碳排放量。

在废铜回收领域，生产再生铜的单位能耗仅为开采矿产铜的 20%，每利用 1 吨废杂铜，可少开采 130 吨铜矿石，少产生 2.5 吨二氧化碳、2 吨二氧化硫、13.1 千克氮氧化物，可节约 87% 的能源。

在废铝回收领域，回收 1 吨易拉罐熔化后能结成 1 吨铝块，与生产等量的原铝相比，节约 3.4 吨标准煤，节约 14 立方米水，少产生 20 吨固体废物排放。

在废纸造纸领域，用废纸制纸浆能减少能源和化学品消耗，减少废水的污染负荷。因为不需要添加蒸煮类化学添加剂，相比用传统原料造纸，用废纸造纸可减少 25% 的污水悬浮物排放量、60%~70% 的大气污染物排放量、70% 的固体废物排放量。

在废塑料回收领域，每回收 1 千克废塑料，相当于减少 2~3 千克原油使用量和 1.5~2.2 千克二氧化碳排放量，节约 1 千克进口塑料原料，减少 0.53 千克固体废物填埋量。在用废塑料炼制乙烯时，可减少 50% 的二氧化碳排放量、80% 的二氧化硫排放量。以废塑料为原料制作塑料要比以原油为原料减少约 45% 的污水排放量和 60%~70% 的能耗。国际能源转型委员会（Council of Engineers for the Energy Transition，CEET）的相关研究显示，预计到 2050 年，中国塑料原料需求量的 52% 可由回收再利用的二次塑料代替。

在动力电池回收领域，动力电池的回收利用能减少矿产资源开采，相当于减少 70% 二氧化碳排放量。对废旧动力电池进行梯次运用、再生应用，能有效节能减排，显著降低新能源汽车全生命周期的二氧化碳排放量。在废旧动力电池中提取镍、钴、锰、锂等金属资源，能有效缓解对进口镍、钴、锰、锂的依赖。

学习单元 3

生活垃圾分类投放收集点基础设施配置

一、收集容器要求

生活垃圾分类投放收集点（简称收集点）的收集容器要求具体如下。

1. 技术要求

生活垃圾收集容器应密闭、无渗漏，并与当地收运方式、收运设备相匹配。提倡不同类型的有害垃圾用不同的收集容器存放。可回收物如塑料、纸类、金属、玻璃等要结合实际情况单独设置收集容器，不建议混装可回收物。

2. 规格要求

室外收集容器一般选择容积为 120 升或 240 升的塑料桶。塑料桶的常见规格如下：120 升，高 950 毫米、长 480 毫米、宽 550 毫米；240 升，高 1 050 毫米、长 590 毫米、宽 740 毫米。

室内收集容器可根据实际情况自行选配。

3. 标志要求

收集容器的分类标志应印制或粘贴于正面（翻盖口下方）中央位置，标志大小应与收集容器匹配，若印制应采用防水材料，若粘贴应贴至平整、无气泡。标志的中文字体采用白色大黑简体，英文字体采用 Arial 粗体。可回收物标志底色采用蓝色，有害垃圾标志底色采用红色，厨余垃圾标志底色采用绿色，其他垃圾标志底色采用黑灰色。四分类垃圾桶示意图如图 2–3 所示。

图 2–3　四分类垃圾桶示意图

二、垃圾分类标志

在国家标准《生活垃圾分类标志》（GB/T 19095—2019）中，垃圾分类标志由 4 个大类标志和 11 个小类标志组成，具体见表 2–6。4 个大类竖式图文组合标志如图 2–4 所示，11 个小类标志如图 2–5 所示。

表 2–6　垃圾分类标志的组成

序号	大类	小类
1	可回收物	纸类
2		塑料
3		金属
4		玻璃
5		织物
6	有害垃圾	灯管
7		家用化学品
8		电池
9	厨余垃圾	家庭厨余垃圾
10		餐厨垃圾
11		其他厨余垃圾
12	其他垃圾	—

图 2-4 4 个大类竖式图文组合标志

图 2-5 11 个小类标志

家具、家用电器等大件垃圾和装修垃圾单独分类，其标志分别如图 2-6 和图 2-7 所示。

图 2-6 大件垃圾标志

图 2-7 装修垃圾标志

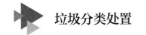

三、度量设备及其数据采集过程

1. 地上衡

地上衡又称小地磅，是一种称量体积或质量较大物体的度量设备。地上衡由称重台（见图 2-8a）、显示器（见图 2-8b）、电源设备、无线通信模块等组成。地上衡可以放置在坚实的地面上称量物体，也可以放置在浅基坑（两侧加装具有一定坡度的引道）上称量被推上来的物体。地上衡采用钢结构承载，配用高精度称重传感器和智能化嵌入式称重模块、通信模块，能显示毛重、皮重、净重以及货物类型、日期、时间、地点等数据。地上衡可选择 4G、5G、蓝牙等无线通信模式将数据直接上传到垃圾分类数据后台。

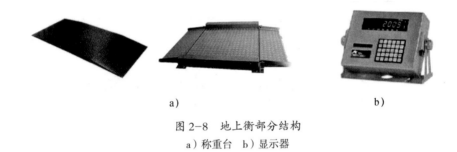

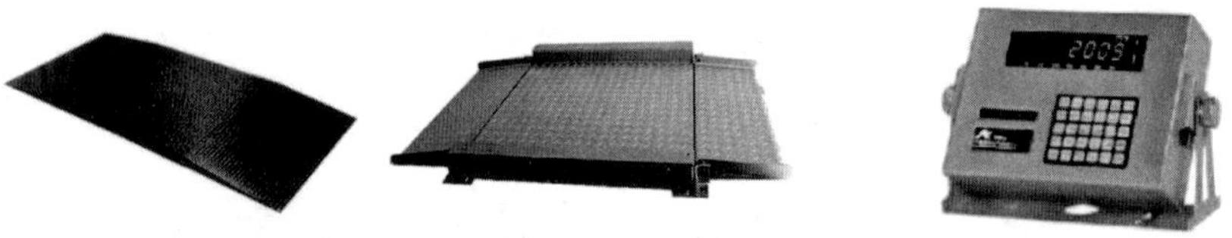

a）　　　　　　　　　　b）

图 2-8　地上衡部分结构

a）称重台　b）显示器

分类垃圾桶净重数据采集过程如下：垃圾分类督导员（或收运员）在分类垃圾桶装满后，将分类垃圾桶拖到称重台上，在显示器上手动选择垃圾桶类型按键，地上衡便自动将垃圾桶类型、净重、时间、地点等数据上传到系统后台进行计量统计。通过地上衡可以精细化度量每个收集点四分类垃圾桶净重数据的动态变化情况。垃圾分类督导员或管理员可以通过系统终端随时查询每天垃圾桶数、净重等数据。

2. 称重器

称量可回收物可以采用轻量级的地上衡，也可以采用称重器（如立杆式智能称重器，如图 2-9 所示）。称重器具备扫码注册、选择货物种类、显示货物净重、打印票据、无线联网等功能。

可回收物净重数据采集过程如下：垃圾分类督导员（或再生资源回收人员）在将可回收物分类装袋或打包后，将其放到称重器台面上，用手机扫码进行注册，输入可回收物类型对应的数字按钮，称重器自动显示可回收物类型、净重、价格，重复操作直至各类可回收物称重完毕，选择结账按钮，称重器自动显示称重列表和总净重、总价格，同时将时间、地点、人员等信息一并自动上传到系统后台。垃圾分类督导员（或再生资源回收人员）可以选择打印小票功能，保留小票作为工作量证明材料。称重器还可以用于居民再生资源的回收称重，不同的是，居民通过手机扫码进行注册后，票据打印机将直接打印作为居民废品回收凭证的小票，后台支付系统将直接给居民支付废品回收费用。

图 2-9　立杆式智能称重器

四、数据采集工具

数据采集是指通过监控摄像设备对行为人的投放行为进行拍摄取证，所采集内容可作为行为人溯源依据、积分奖励凭证、行政处罚凭证、行为矫正管理依据。数据采集工具在垃圾分类治理监管过程中必不可少。常规的收集点应安装全景监控摄像设备、局部监控摄像设备。全景监控摄像设备用于监控收集点周边随意倾倒、投放垃圾的行为，局部监控摄像设备用于监控、拍摄局部投放行为。数据采集方法以无感抓拍为宜，采集的内容包括行为人行为动作、时间、地点、类型。通常要求所拍摄的人脸、行为动作和所投放的垃圾袋图像清晰、有关联、可追溯。

学习单元 4

垃圾分类检查知识

一、垃圾分类四大环节

垃圾分类包括分类投放、分类收集、分类收运、分类处置四大环节。

分类投放环节的治理方案主要是对人的投放行为进行约束性管理，确保源头分类正确和减少垃圾产生量，重点是培养、管理人的社会公约行为。

分类收集环节的治理方案主要是通过对单位、家庭、个人进行垃圾分类契约式目标管理，确保辖区内垃圾分类正确率、减量率指标的完成，重点是督导、矫正人的投放行为。分类收集环节工作是一项综合性的社区治理工作。

分类收运环节是一项具体的纯运输工作。其治理方案主要是确保收运车能够定点、定时、定质、定量完成运输工作。

分类处置环节的重点工作是对所回收的废弃物进行高纯度的回收、高质量的再利用，确保城市废弃物变废为宝。分类处置环节对应综合性的绿色循环产业工程。

在四大环节中，前两个环节属于社区治理范畴，后两个环节属于城市治理范畴。其目标不仅要追求固废污染治理、生态治理，还要追求绿色循环经济发展。

二、垃圾分类考核指标体系

垃圾分类考核指标体系聚焦垃圾分类减量化、资源化、无害化目标，包括过程控制性指标和客观结果性指标。

1. 过程控制性指标

（1）开袋率。垃圾分类后应公开、透明投放。单位、家庭、个人是否在源头上进行正确的垃圾分类，要在收集点集中开袋检查才能得出结论。垃圾只有开袋检查，其分类情况才能暴露出来。因此，开袋率指标很重要。

（2）正确投放率。垃圾按分类要求投放，应做到定点、不撒漏、不落地。

（3）分类正确率。分类正确率包括厨余垃圾分类正确率、其他垃圾分类正确率、可回收物分类正确率、有害垃圾分类正确率。分类正确率包含两层意思：一是某人对某一类垃圾的分类纯度，分类纯度越高，分类正确率也越高；二是某一收集点某一类垃圾正确分类人数占投放总人数的比例，因此又称行为矫正率。注意，不能以单一的厨余垃圾分类正确率代替所有垃圾的分类正确率。分类正确率是反映单位、家庭、个人垃圾分类治理成效最重要的指标。

（4）分出率。分出率包括可回收物、厨余垃圾、有害垃圾的分出率，其分出量各占垃圾总量的比例。例如，家庭厨余垃圾分出率是指单独分出的家庭厨余垃圾量占所有生活垃圾总量的比例。

2. 客观结果性指标

（1）减量率。减量率是指其他垃圾量占垃圾总量的比例。减量率越小，垃圾分类的成效越大。它是衡量社区垃圾分类综合治理成果最重要的指标，也是影响分出率、资源化率、无害化率的关键性指标。

（2）回收率。回收率是指可回收物占垃圾总量的比例。通常情况下，可回收物分出率越高，回收率也越高。

（3）资源化率。资源化率是指可回收物和厨余垃圾被再生资源回收渠道回收后进入资源再利用环节，在被处理加工后作为原料重新生产出再生品的效率。资源化率越高，越能反映一座城市的垃圾分类综合治理成效。

（4）无害化率。无害化率是指有害垃圾占垃圾总量的比例。有害垃圾分出率越高，无害化率也越高。无害化率越高，则表示在垃圾的收集、运输、储存、处置全过程中，有害垃圾越少，对环境和人体健康造成的不利影响越小。

三、垃圾分类认知误区

在垃圾分类治理过程中，常见的四大问题及其认知误区具体如下。

【问题 1】缺乏科学指导，对开展垃圾分类的初衷、目的认识不足。

（1）地方政府更偏向于选择物业管理责任主体以外的企业，代替属地化业主委员会（简称业委会）或物业管理责任主体开展垃圾分类管理工作，这与法律规定和顶层制度设计初衷相悖。

（2）以厨余垃圾桶分类纯度，代替分类正确率。

（3）以垃圾分类督导员人工分拣厨余垃圾，代替居民源头分类。

（4）以简单的定时、定点、定人、定监控，代替检查、督导、矫正管理。

（5）以反映外观表象的主观指标考核，代替客观结果性指标考核。

【问题 2】对促进公众行为改变和习惯养成的认识不足，垃圾分类宣传推广工作表面化。

（1）以人脸识别、二维码等溯源智慧化设备，代替分类正确率检查、行为矫正督导工作。

（2）以贴标语、办活动、送礼品等方式，代替垃圾分类过程管理。

（3）以垃圾屋（亭）设施建设，代替垃圾分类目标考核。

【问题 3】不愿直面垃圾分类的必经之路，急于求成，爱走捷径。

（1）以简单的积分活动，代替长效化监管机制建设。

（2）以厨余垃圾二次分拣正确率，片面地代替分类正确率。

（3）以民间再生资源回收渠道回收数据，代替资源化率成果。

【问题 4】顶层设计不完善，多元共治不充分，各方责任、义务不明确。

（1）重收集端定点、定时、定人，轻投送端源头分类管理。

（2）重收集端的环卫收运体系建设，轻收集端的两网融合再生资源回收体系建设。

（3）重垃圾分类市场化外包，轻垃圾分类属地化物业管理，造成主要责任主体缺位，垃圾分类综合治理困难。

（4）生产者责任主体缺位，低值可回收物政府补贴兜底缺位，后端循环经济产业规划建设不足，垃圾分类项目管理责任主体基本只有环境卫生管理部门。

（5）重垃圾投放管理，轻垃圾减量控制管理；重投放积分管理，轻计量收费管理。后端垃圾处理总量越来越大，财政资金陷入越治理越投入的怪圈。

学习单元 5

垃圾分类投放技能

为了方便分类收集、分类收运以及后端的分类处置，在分类投放环节应按照以下要求作业。

一、可回收物

可回收物的投放方式分为直接投放到社区收集点或卖给再生资源回收渠道两种。大部分居民会把高值可回收物作为再生资源出售，把低值可回收物作为其他垃圾直接投放。垃圾分类督导员的工作重点是引导居民将低值可回收物分离出来单独投放。在收集、存放可回收物时，应遵循以下要求。

1. 家庭收集、存放体积小的可回收物时，可以用一个收集容器存放，也可以按不同类别分别存放，待积累一定量后，送至收集点，投放到可回收物桶或按照收集点不同类别的收集容器分别投放。对于体积较大的可回收物，可单独投放。

2. 废纸及废包装物应折好、压平、捆牢，回收、投放时应避免其受到污染。废纸基复合包装应清除残留物、洗净、晾干、压平后投放。一次性纸盘、墙纸、复写纸、被污染的餐巾纸和卫生纸、未明确后续回收利用途径的复合材料包装物等应投放至其他垃圾收集容器。

3. 废塑料容器应去除瓶盖、撕掉瓶身标签、清除残留物、洗净、晾干、压扁后投放。一次性塑料袋、包装袋等低值可回收物应去除残留物、洗净、擦干、叠好、压实后投放。

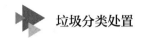

4. 废玻璃容器应去除瓶盖、撕掉瓶身标签、清除残留物、洗净、晾干后投放。碎玻璃应先用厚纸包裹好再投放，防止伤人。

5. 废弃织物应叠齐、捆牢后投放。污损严重的废弃织物应投放至其他垃圾收集容器。用于捐赠的旧织物宜洗净、打包后投放至旧织物回收箱，或送到民政部门设置的捐赠点。

6. 废金属、易拉罐应清除残留物、洗净、晾干、压实后投放。锋利的金属器物应用硬纸包裹、捆绑或将锋利处钝化后再投放。

7. 大块纸板、泡沫板等松散大件废品，不宜直接投入可回收物收集容器，应规整后置于收集点的收集容器旁或预约工作人员上门收集。

8. 废弃家用电器如洗衣机、冰箱、空调、电视机、计算机等，原则上不得随意拆卸。特别是空调，在回收机身前应请专业人员回收制冷剂，并保持整机完好，以防有害有毒物质泄漏造成环境污染。

二、厨余垃圾

1. 厨余垃圾应滤出水后装入塑料袋存放到自家的厨余垃圾收集容器中，并在每天的规定时间将其投放到社区收集点，投放时打开塑料袋将厨余垃圾倒入厨余垃圾桶内，并将塑料袋投放至其他垃圾桶。

2. 食堂、宾馆、饭店等集中供餐场所的餐厨垃圾不应混入一次性餐饮具、酒水饮料容器、塑料台布、牙签、餐巾纸等，餐厨垃圾应统一交给具有资质的机构日产日清。

3. 农贸市场、农产品批发市场等场所产生的其他厨余垃圾应根据蔬菜、瓜果、腐肉、内脏等不同种类分别设置收集容器，且投放时应去除塑料袋、包装物，严格区分厨余垃圾、其他厨余垃圾，并做到日产日清。

4. 塑料外卖盒、饮料杯中的残留物应投放至厨余垃圾收集容器，可回收的塑料外卖盒、饮料杯应清洗、晾干后投入可回收物收集容器。

5. 家养草本植物应先去掉根部泥土、杂质再投放。

三、有害垃圾

1. 易撒漏、破损的有害垃圾应包裹后小心投放到社区收集点的有害垃圾桶内。有条件的地区应细化有害垃圾类别和有害垃圾收集容器种类。

2. 废电池应保持完好，投放至有害垃圾收集容器；破损的废电池应先用透明塑料袋封装，再投放至有害垃圾收集容器；干电池应投放至其他垃圾收集容器。

3. 废荧光灯管应保持完整、清洁、干燥，投放至有害垃圾收集容器；破碎的荧光灯管应用较厚的纸包裹好并用胶带缠好，投放至其他垃圾收集容器。

4. 弃置药品及药具应保持原包装，即连同包装一并投放至有害垃圾收集容器；未被污染的纸盒等外包装可投放至可回收物收集容器。

5. 废杀虫剂、清洁剂、空调清洗剂、空气清新剂、油漆等均应与原容器一起密封投放至有害垃圾收集容器。

四、其他垃圾

1. 严禁将未熄灭烟头、危险品、有毒有害物品扔进其他垃圾收集容器，造成混装混投。

2. 杜绝低值可回收物、厨余垃圾等与其他垃圾混装混投。

3. 严禁将宠物粪便与其他垃圾混装混投。

4. 含有液体的物品如海绵、抹布、拖布等，应沥干后投放。

5. 用过的卫生纸、尿不湿、计生用品应装袋、扎紧封口处后投放，投放时遇到检查时应事先说明“请勿开袋”。

6. 燃放过的烟花爆竹，要清扫碎纸屑并仔细检查有无残留的未燃放的小鞭炮，排除安全隐患。注意，在将纸壳筒内的残留火药倒干净、浇湿后，才能作为其他垃圾处理。未燃放的烟花爆竹应找烟花爆竹专营公司进行寄存，或联系经销商退货，或浇湿报废处理，以杜绝安全隐患。

五、大件垃圾

大件垃圾应投放到物业服务企业指定的收集点，无物业服务企业管理的社区的大件垃圾应投放到社区收集点，或打电话预约指定的大件垃圾回收单位上门收运。大件垃圾投放需要向收运管理单位支付相应的清运费。

六、装修垃圾

装修垃圾属于建筑垃圾，应投放到物业管理单位指定的装修垃圾投放场地，并遵照以下三个投放要求：装修垃圾和生活垃圾分别收集，不得混投；土灰砖和土灰板应打碎、装袋投放；废油漆等有害垃圾应另行投放至有害垃圾收集容器。装修垃圾一般按照重物质（砖砂石、混凝土块、玻璃、陶瓷等）、轻物质（塑料、包装材料等）、废木废材、有害物（油漆桶、涂料桶、废灯管、废电池等）四类分别装袋堆放。装修垃圾投放管理责任人一般是物业服务企业，若无物业服务企业则是社区居委会，要求做到定时收运。按照谁产生谁付费、多产生多付费的原则，管理责任人有权向业主收取装修垃圾清运费。

七、代投

个人委托他人代投的，应提交已经分类正确的垃圾。代投人应检查代投的垃圾是否进行正确的分类，应拒绝代投没有分类的垃圾。

测试题

一、填空题（请将正确答案填在括号中）

1. 开展垃圾分类对（　　）、（　　）、（　　）三方面都具有直接、间接的有益影响。

2. 厨余垃圾又称湿垃圾，包括（　　）、（　　）、（　　）。

3. 堆肥处理是指在（　　）环境下，运用多种微生物（　　）厨余垃圾中的有机物，并将有机物转化为腐殖肥料。

4. 装修垃圾不仅成分（　　），而且含有许多（　　）物质，因此需要对装修垃圾进行分类投放、分类收集、分类运输。

5. 垃圾分类考核指标体系聚焦垃圾分类减量化、资源化、（　　）目标。

二、判断题（下列判断正确的请打“√”，错误的请打“×”）

1. 危险废物具有毒性、腐蚀性、反应性、易燃性、浸出毒性等特性。（　　）

2. 常见的一次性聚丙烯餐盒、发泡餐盒，属于其他垃圾。（　　）

3. 家养草本、木本植物的残枝、落叶、残花属于厨余垃圾。（　　）

4. 分不清楚的疑难垃圾，可以统一归并到其他垃圾。（　　）

5. 废弃的编织袋属于其他垃圾。（　　）

三、单项选择题（选择一个正确的答案，将相应的字母填入题内括号中）

1. 假如你参加垃圾分类知识抢答比赛，以下选项分类正确的是（　　）。

A. 厨余垃圾包括咖啡渣、甘蔗渣，可回收物包括指甲剪、废锁、钢卷尺，其他垃圾包括热水瓶内胆、干燥剂、胶带、橡皮筋、修正液、充电宝，有害垃圾包括猫砂、眼药水、黏结剂

B. 厨余垃圾包括咖啡渣、甘蔗渣、猫砂，可回收物包括指甲剪、废锁、充电宝，其他垃圾包括热水瓶内胆、干燥剂、胶带、橡皮筋、眼药水、钢卷尺，有害垃圾包括修正液、黏结剂

C. 厨余垃圾包括咖啡渣、甘蔗渣，可回收物包括指甲剪、废锁、充电宝，其他垃圾包括热水瓶内胆、干燥剂、胶带、橡皮筋、修正液、猫砂、钢卷尺，有害垃圾包括眼药水、黏结剂

D. 厨余垃圾包括咖啡渣、甘蔗渣，可回收物包括指甲剪、废锁、钢卷尺，其他垃圾包括热水瓶内胆、干燥剂、胶带、橡皮筋、猫砂、黏结剂，有害垃圾包括修正液、眼药水、充电宝

E. 厨余垃圾包括咖啡渣、甘蔗渣，可回收物包括指甲剪、废锁、钢卷尺，其他垃圾包括热水瓶内胆、胶带、橡皮筋、充电宝、修正液、猫砂，有害垃圾包括眼药水、黏结剂、干燥剂

2. 某社区为了提升资源回收率，开展一次低值可回收物分类回收积分有奖活动，崔大姐在活动中脱颖而出，获得了满分，以下（　　）选项中提到的可能是崔大姐提交的可回收物。

A. 玻璃瓶、塑料饭盒、塑料桌布、塑料酸奶盒、塑料拼接地垫、地毯

B. 玻璃瓶、塑料饭盒、洗面奶瓶、塑料酸奶盒、铝箔保温袋、海绵

C. 玻璃瓶、塑料饭盒、搓澡巾、利乐包、纸质餐盒、尼龙网袋

D. 玻璃瓶、塑料饭盒、塑料酸奶盒、铝箔保温袋、泡沫塑料包装、无纺布手提袋

E. 玻璃瓶、塑料饭盒、毛绒玩偶、快递塑料包装袋、枕头、镜子

3. 小丽化妆完后将一些废弃的化妆用品清理掉，以下（　　）选项分类是正确的。

A. 其他垃圾包括化妆棉、面膜、化妆刷、指甲油、洗甲水、眼霜瓶，可回收物包括护肤瓶、利乐包、百洁布，有害垃圾包括烫发剂、消毒剂

B. 其他垃圾包括化妆棉、面膜、化妆刷，可回收物包括利乐包、百洁布、烫发剂，有害垃圾包括指甲油、洗甲水、消毒剂、护肤瓶、眼霜瓶

C. 其他垃圾包括面膜、化妆刷、化妆棉、利乐包，可回收物包括百洁布、护肤瓶、眼霜瓶，有害垃圾包括指甲油、洗甲水、烫发剂、消毒剂

D. 其他垃圾包括化妆棉、面膜、化妆刷、指甲油、洗甲水，可回收物包括护肤瓶、眼霜瓶、利乐包、百洁布，有害垃圾包括消毒剂、烫发剂

E. 其他垃圾包括化妆棉、面膜、化妆刷、百洁布，可回收物包括护肤瓶、眼霜瓶、利乐包，有害垃圾包括指甲油、洗甲水、烫发剂、消毒剂

4. 社工小王每周一次到居家养老的彭大爷家打扫卫生，以下清理出来的废弃物分类中，（　　）选项是正确的。

A. 其他垃圾包括旧鞋垫、塑料托盘、海绵，可回收物包括广告纸、金属伞骨架、剃须刀、搓澡巾，有害垃圾包括驱虫剂、废日光灯管、过期药片、膏药、洗洁精瓶

B. 其他垃圾包括海绵、剃须刀、废日光灯管、塑料托盘，可回收物包括旧鞋垫、搓澡巾、金属伞骨架、广告纸，有害垃圾包括过期药片、膏药、驱虫剂、洗洁精瓶

C. 其他垃圾包括海绵、旧鞋垫、搓澡巾，可回收物包括广告纸、洗洁精瓶、塑料托盘、金属伞骨架、剃须刀，有害垃圾包括过期药片、膏药、驱虫剂、废日光灯管

D. 其他垃圾包括海绵、膏药、剃须刀、金属伞骨架，可回收物包括广告纸、塑料托盘、旧鞋垫、搓澡巾，有害垃圾包括过期药片、驱虫剂、洗洁精瓶、废日光灯管

E. 其他垃圾包括旧鞋垫、海绵、塑料托盘、金属伞骨架、膏药，可回收物包括广告纸、剃须刀、洗洁精瓶、搓澡巾，有害垃圾包括过期药片、驱虫剂、废日光灯管

5. 社区家电维修服务中心定期清理废弃物，以下（　　）选项分类正确。

A. 其他垃圾包括手机膜、手机卡、打火机、扣式电池、遥控器，可回收物包括充电宝、硬盘、充电器、工程塑料手机壳，有害垃圾包括废墨盒、废节能灯、黏结剂

B. 其他垃圾包括手机膜、手机卡、打火机、黏结剂，可回收物包括工程塑料手机壳、遥控器、硬盘、充电器，有害垃圾包括扣式电池、充电宝、废墨盒、废节能灯

C. 其他垃圾包括手机膜、手机卡、废节能灯、扣式电池，可回收物包括工程塑料手机壳、遥控器、充电器、充电宝，有害垃圾包括硬盘、废墨盒、打火机、黏结剂

D. 其他垃圾包括手机膜、手机卡、废节能灯，可回收物包括工程塑料手机壳、遥控器、硬盘、充电器、充电宝，有害垃圾包括废墨盒、打火机、黏结剂、扣式电池

E. 其他垃圾包括手机膜、手机卡、打火机、黏结剂，可回收物包括工程塑料手机壳、遥控器、充电器，有害垃圾包括废墨盒、废节能灯、硬盘、扣式电池、充电宝

四、多项选择题（下列每题的选项中，至少有 2 项是正确的，请将相应的字母填入题内括号中）

1. 生活垃圾不包括园林绿化垃圾、（　　）、建筑垃圾（含装修垃圾）、工业垃圾、危险废物等其他固体废物，以及突发公共卫生事件受控地区产生的生活垃圾。

A. 工地垃圾　　B. 动物尸体　　C. 河道垃圾　　D. 病媒生物

E. 医疗垃圾

2. 生活中用到的（　　）等，属于有害垃圾。

A. 干电池　　B. 扣式电池　　C. 碱性电池　　D. 手机电池

E. 充电宝

3.（　　）属于可回收物，清洗后可回收。

A. 洗发水瓶　　B. 染发剂瓶

C. 过期化妆品　　D. 废机油

E. 沐浴露瓶

4. 从废弃电器电子产品中拆解、分离出来的（　　）、单独收集的制冷剂、废荧光粉等，属于危险废物。

A. 内存条　　B. 硬盘　　C. 线路板　　D. 压缩机

E. 铅玻璃

5. 装修垃圾一般按照（　　）四类分别装袋堆放。

A. 重物质　　B. 轻物质　　C. 废电线电器　　D. 废木废材

E. 有害物

测试题参考答案

一、填空题

1. 生态　经济　社会　2. 家庭厨余垃圾　餐厨垃圾　其他厨余垃圾　3. 好氧　分解　4. 复杂　有毒　5. 无害化

二、判断题

1. √　2. ×　3. ×　4. ×　5. ×

三、单项选择题

1. D　2. D　3. E　4. C　5. B

四、多项选择题

1. BDE　2. BDE　3. AE　4. CDE　5. ABDE

培训任务 3

垃圾分类工作标准

培训目标

- 掌握投放环节制度设计要点。
- 掌握生活社区收集点管理要求。
- 掌握督导应知应会内容。
- 掌握督导员作业流程。
- 掌握突发事件应急处理技能。
- 掌握督导沟通技巧。
- 了解收运与处置环节相关知识。
- 掌握不同场景垃圾分类管理方法。

学习单元 1

投放环节

投放环节主要是对人的投放行为进行约束性管理，确保源头分类正确和减少垃圾产生量。在制度设计上应从以下几方面着手：信息传递清晰完整，分类及投放简便，收集容器配置齐全，约束机制明确易懂，监管考核落实到位。

一、信息传递清晰完整

传递信息清晰完整包含三个层面的含义。

首先，以街道办事处名义向每户家庭发放《垃圾分类告知书》，告知居民垃圾分类是政府主导实施的城市治理工程，个人是垃圾分类的第一责任人，个人应当依法履行垃圾源头减量和分类投放的义务、服从垃圾分类投放管理、约束自己的投放行为。

其次，以社区居委会或物业管理责任主体的名义跟家庭或个人签订《垃圾分类合约》，以契约形式约束居民的垃圾分类投放行为。

最后，以物业管理责任主体名义向每户家庭发放《垃圾分类指南》，明确生活社区垃圾分类管理实施细则，明确垃圾分类的操作方法。

二、分类及投放简便

在分类方法和投放方式上要充分考虑不同群体的接受能力，尽可能做到易学、易投。

1. 分类方法易学

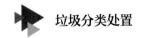

分类方法应遵循从简至繁的原则，即先从简单的干、湿二分类开始，再要求从干垃圾中分出有害垃圾，最后分出可回收物。

2. 投放方式易投

要充分考虑投放方式是否方便居民，收集点应尽可能设置在社区的主干道、出入口，分类设施易辨识，投放简单、方便。

三、收集容器配置齐全

在家庭中，建议在厨房配置厨余垃圾桶，在客厅配置其他垃圾桶，在储藏间配置回收袋或回收容器、有害垃圾桶。

四、约束机制明确易懂

首先，梳理归纳常见的不规范投放行为类型，明确行为规范，明确行为记录标准。居民投放行为类型与规范（示例）见表 3–1。

表 3–1　　居民投放行为类型与规范（示例）

序号	行为类型	行为说明	行为规范	记录代码	行为积分
1	不定点投放	不按指定的收集点投放，随意倾倒、抛撒、堆放生活垃圾	投放到指定的收集点、指定的收集容器内	11	−100
2	不定时投放	不按规定时间投放	按规定时间投放	12	−30
3	不开袋投放	不按要求开袋投放	开袋投放，接受检查	13	−10
4	不接受检查	不接受垃圾分类督导员开袋检查	按垃圾分类督导员要求自觉接受开袋检查	14	−20
5	厨余垃圾分类正确	按分类标准正确分类	按分类标准正确分类	20	5
6	厨余垃圾分类错误	厨余垃圾袋内夹杂其他垃圾	根据垃圾分类督导员要求进行二次分拣	21	−5

续表

序号	行为类型	行为说明	行为规范	记录代码	行为积分
7	其他垃圾分类正确	按分类标准正确分类	按分类标准正确分类	30	5
8	其他垃圾分类错误	混投、不分类	不允许将厨余垃圾、可回收物、其他垃圾、有害垃圾混装混投	31	−10
9	其他垃圾混装	在一个大袋里套干、湿二袋	干、湿二袋应分开投放	32	−5
10	可回收物分类正确	按分类标准正确分类	按分类标准正确分类	40	5
11	低值可回收物混装	将塑料酸奶盒等低值废弃物当作其他垃圾混装	将低值可回收物单独分出后装入可回收物袋子投放	41	−5
12	不回收再生资源	随意丢弃书报、快递包装盒、小电子产品	将再生资源集中存放，待积累到一定量后集中回收、投放	42	−10
13	有害垃圾分类正确	按分类标准正确分类	按分类标准正确分类	50	10
14	有害垃圾分类错误	随意丢弃有害垃圾	按有害垃圾要求投放	51	−50

其次，明确需要约束矫正的行为的要求、矫正实施步骤和矫正时限，让每个人清楚哪些不规范的投放行为需要矫正、如何矫正、矫正时限是多久。个人分类投放行为矫正约束推进步骤见表 3–2。

表 3–2　　个人分类投放行为矫正约束推进步骤

步骤	行为类型	行为规范	控制指标（人数占比）	矫正时限 / 天
第一步	定点投放	投放到指定的收集点、指定的收集容器内	100%	14
第二步	定时投放	按照投放时间投放	98%	14
第三步	干、湿二袋投放	厨余垃圾和其他垃圾分类、分袋投放	100%	30

续表

步骤	行为类型	行为规范	控制指标（人数占比）	矫正时限 / 天
第四步	厨余垃圾开袋投放	厨余垃圾开袋投放，便于督导检查	100%	30
第五步	厨余垃圾正确分类	厨余垃圾正确分类投放	85%	45
第六步	其他垃圾开袋投放	其他垃圾开袋投放、接受检查，严禁与有害垃圾混装混投	检查率 90%	30
第七步	其他垃圾正确投放	其他垃圾中不混装有害垃圾、可回收物		
第八步	可回收物正确投放	其他垃圾不混装有害垃圾、可回收物		
第九步	低值可回收物正确投放	其他垃圾中不混装有害垃圾、可回收物		
第十步	其他垃圾计量投放	其他垃圾计量收费投放	其他垃圾分类正确率 95%	

五、监管考核落实到位

1. 明确垃圾分类考核指标

（1）知晓率。涉及街道办事处《垃圾分类告知书》、社区居委会《垃圾分类合约》、物业管理责任主体《垃圾分类指南》的分发、签收情况。

（2）参与率。涉及《垃圾分类合约》签订情况，以及落实干、湿二袋分类投放的情况。

（3）正确投放率和分类正确率。前文已详细介绍。

2. 开展家庭分类星级评定

以下评定方法供参考：按干、湿二袋投放，其他垃圾占 70%，属于一星级分类家庭；厨余垃圾分类达标，其他垃圾占 55%，属于二星级达标家庭；其他垃圾分类达标，其他垃圾占 35%，属于三星级优秀家庭；可回收物细分类达标，其他垃圾占

20%，属于四星级模范家庭；源头减量，其他垃圾小于 10%，属于五星级碳标杆家庭。

3. 建立《垃圾分类台账》

《垃圾分类台账》主要记录单位员工、家庭成员垃圾分类投放行为的结果，包括正确投放记录、违规投放记录、可回收物净重记录、积分记录，以及参与公益活动等内容。其中，正确、违规投放记录来源于垃圾分类督导员检查记录、公众监督记录、视频监控抓拍记录，以及再生资源回收台账记录。

垃圾分类管理大数据平台可根据每户的《家庭垃圾分类台账》统计分析社区垃圾分类治理总体情况，及时发现不足并进行针对性的目标管理。

4. 落实行为比较公示制度及分级矫正管理制度

行为比较公示制度是指将投放人的投放行为让管理者或公众能够看见，通过这种公开、去匿名化的方式，实现透明投放，从而让每个人都感受到无处不在的监督压力，促进行为自我矫正。

分级矫正管理制度是指通过一系列外部约束机制，如约谈、分类投放红黑榜（简称红黑榜）等，形成透明化的管理环境，促使行为人自我矫正、规范投放行为。

学习单元 2

收集环节

一、建设要求

收集点是供社区居民投放垃圾的场所，是宣传、辅导、监督、管理垃圾分类的场所，是生活社区基础配套设施。市、县人民政府建设（环境卫生）主管部门应当会同城市规划等有关部门，依据城市总体规划、本地区国民经济和社会发展计划等，制定城市生活垃圾治理规划，统筹安排城市生活垃圾收集、处置设施的布局、用地和规模。城市生活垃圾收集、处置设施用地应纳入城市黄线（城市基础设施用地的控制界线）保护范围，任何单位和个人不得擅自占用或者改变其用途。生活垃圾分类设施设备的配置应符合本地建筑相关规划，具体的布局、用地、规模、服务范围应满足分类投放、收集、运输、处置的需求，且与生活垃圾产生量、收运频次、收运方式相适应。生活垃圾分类设施设备的配置应因地制宜、分类施策，充分考虑经济社会发展水平、财政能力、地域特点、人口分布、公众需求等因素。已建成的住宅社区、商业和办公场所，应配置生活垃圾分类收集、转运设施。新建、改建、扩建建设项目，应按照国家和本省的标准与规划条件，配套建设收集点、回收网点、转运设施，并与主体工程同步设计、同步建设、同步验收、同步交付使用，不得擅自改变收集点、回收网点、转运设施的使用性质。任何单位和个人不得擅自关闭、闲置或者拆除城市生活垃圾的收集、处置设施及场所；确有必要关闭、闲置或者拆除的，必须经所在地县级以上地方人民政府建设（环境卫生）主管部门和环境保护主管部门核准，并采取防止污染环境的措施。

收集点纳入物业管理范畴，其建筑物属于物业管理用房的组成部分。收集点可结合场地状况在用地红线内设置，不需要考虑建筑退线。

新供地项目需要将收集点相关建设要求纳入土地出让合同的规划条件或建设项目用地预审与选址意见书中。收集点应与主体工程同步设计、同步施工、同步投入使用。

在老旧小区改造、新增收集点的，应列入建设工程规划许可证豁免清单。

收集点排水应纳入城市污水排水系统，不得纳入雨水排水系统；用电应纳入公共照明部分。

1. 选址

收集点建设选址的重点就是化解邻避效应。居民嫌收集点人多嘈杂、又脏又臭，影响环境卫生，给收集点建设带来阻碍。如何在选址时化解邻避效应，是每个社区建设收集点面临的第一道关卡。

（1）做好场地环境调查，化解邻避效应。选址应符合《环境卫生设施设置标准》（CJJ 27—2012），且便于居民投放、易于收运、易于接水接电和接排污管网，宜选择社区下风向和较隐蔽处，面积不宜小于 6 平方米，与住宅距离不宜小于 10 米，避免暖气管、液化气管、电线等直接通过，避免正对住宅楼出入口，避免占用、阻塞消防通道和盲道。

（2）做好方案论证工作，充分征求居民意见，确保获得大多数居民的认可。

（3）公布收集点的环境卫生达标方案、外观设计方案、开放运营管理方案和垃圾清运方案。

（4）建立收集点环境卫生监督检查制度，发动居民进行全方位的自我监督、自我管理，确保收集点出现问题时有人及时处理。

（5）张贴上级主管部门审批、核准和备案文件。

2. 建设规模

收集点设施配置情况应根据服务区域常住人口数、垃圾清运量、收集频次等综合因素确定。原则上每个生活社区必须设置不少于一处的收集点。收集点可采用放置垃圾收集容器或建造垃圾收集容器间的方式。一般按照每 300 户家庭（约 1 000 人）规划、设置一处收集点，其服务半径不宜超过 70 米，占地面积为 15~20 平方米。若家庭数量在 150~300 户，收集点占地面积可为 10~15 平方米；若家庭数量小于 150 户，收集点占地面积可为 6~10 平方米。对于户数超过 200 户的生活社区，可每栋住宅楼设置一处收集点。若考虑再生资源回收与可回收物回收融合，收集点建设面积应按照回收品类及回收量适当调整。

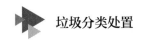

充分考虑居民生活习惯和实际需求，合理设置误时投放点，不断完善分类投放配套措施，消除群众抵触情绪，加强群众对垃圾分类工作的支持。

3. 大件垃圾、装修垃圾暂存点建设要求

（1）应根据大件垃圾、装修垃圾的产生量、暂存周期、收集频率、后端设施要求等因素合理设置暂存点，但对于城市新建生活社区，应设置固定收集点。

（2）暂存点地面应进行硬化处理，同时防止渗漏；四周应有安全隔断，以控制大件垃圾的叠放高度，防止其倒塌或崩塌，同时防止扬洒，并设置相应的标牌。

（3）大件垃圾、装修垃圾暂存点可合并设置，也可单独设置。

（4）暂存点应有明确的指示牌、引导牌，并附有回收企业名称和联系电话。

二、配置要求

（1）设施配置要求。标准的收集点设施应采用阻燃、具有一定韧性和承载力的耐酸碱耐高温材料制造；应铺设硬化地面，防渗漏、防滑且易清扫；应配置洗手池、照明设施、排气扇、地上衡、台账挂摆处、洗桶处、电源插头，以及消毒灭菌、灭蝇、除臭设施等。地上衡除了可选择厨余垃圾、其他垃圾、可回收物、有害垃圾四类外，还应适应回收种类细分称重的要求。

（2）垃圾桶配置要求。每个收集点应至少配置一组 240 升四分类垃圾桶。在条件允许的情况下，城市生活垃圾产生量宜采用多种方法进行比较预测。在条件受限时，城市生活垃圾最高日产量可采用下式计算：

$$Q=RCA/1\,000$$

式中 Q——生活垃圾最高日产量，吨每天；

R——城市规划人口数量，人；

C——预测的每天人均生活垃圾产量，可取 0.8~1.4 千克每人每天；

A——生活垃圾日产量不均匀系数，可取 1~1.5。

厨余垃圾桶根据当地实际情况配置。若每天人均生活垃圾产量按 1~1.2 千克，每户按 3 人计算，则每户每天平均产生 3~3.6 千克生活垃圾；若厨余垃圾所占比例按 50% 计算，则每户每天产生 1.5~1.8 千克厨余垃圾。若每 240 升厨余垃圾桶装 100 千克厨余垃圾，则每 70 户家庭应至少配置一个厨余垃圾桶。

其他垃圾桶与厨余垃圾桶按 4∶1 比例配置。

可回收物桶根据实际需求配置，但至少配置一个。根据实际需求配置的可回收物

收集容器标志应符合国家标准 GB/T 19095—2019 的规定，标志内容应包括可回收物类别、可回收物标志、箱体编号、回收企业及联系方式、监督部门及投诉电话等。

有害垃圾桶应选用密封性较好的收集容器，并做好防水、防破损等防护措施。

（3）工具配置要求。常用的工具包括分拣工具、保洁工具、消杀工具等，这些工具必须配备齐全。

（4）宣传栏配置要求。宣传栏应含有分类标志、分类指南、回收指南、管理制度、岗位职责、投放要求、责任人和联系方式、回收公司和回收人员联系方式等内容。

（5）监控终端配置要求。收集点应配置一个全景监控终端和一个局部监控终端。全景监控终端重在监控误时投放和周边情况。局部监控终端用于抓拍桶前投放行为，并配有后端实时语音播报功能。有条件的地区可利用人工智能技术开发行为分析功能，使监控终端具备入侵、桶满溢、落地、未开盖、未开袋、有烟雾等提醒同时抓拍功能。

（6）外观装饰要求。外观装饰应符合本地区收集点装潢设计要求，统一名称和标志。

三、启用流程

1. 摸清社区垃圾桶分布状况。

2. 制定撤桶并网方案。

3. 落实营运人员和营运管理方案。

4. 落实垃圾分类收运方案。

5. 落实两网融合管理和收运方案，包括对接再生资源回收渠道，签订回收协议，规范两网融合回收统计台账。

6. 招聘、培训运营人员。

7. 制作引导牌、宣传栏，张贴撤桶并网告示。

8. 分批组织居民培训，开展垃圾分类宣教活动。

9. 启动动员。一方面开展撤桶宣传，在微信群、楼道、电梯口、社区进出口等发通知；另一方面开展入户宣传，与家庭签订《垃圾分类合约》，分发家庭垃圾分类收集容器。

10. 正式撤桶并网，在社区出入口拉横幅，开展撤桶并网启动仪式。

11. 发动社区志愿者、社工等协同做好撤桶并网的引导、监督工作，以及在撤桶后的一段时间内，对原来垃圾桶点位进行督导、捡拾和卫生清洁工作。

12. 效果测评与调整。在收集点启用后，认真观察投放垃圾情况，及时征求居民意见，做好分类垃圾桶配置调整、其他设施改进等工作。

四、管理要求

1.“四定”目标管理体系要求

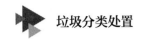

在收集点建设的初期，需要垃圾分类督导员引导、监督居民进行垃圾分类投放，并通过不断地对居民的投放行为进行矫正，帮助居民养成自觉分类投放的行为习惯，最终实现收集点的无人化管理。因此，必须建立起一套循序渐进的“四定”（定点、定人、定规、定标）目标管理体系，确保垃圾分类治理进度可控可管。

（1）定点。在社区适当的地点设置收集点和大件垃圾、装修垃圾暂存点，配置必要的设施和宣传栏、引导牌，方便居民投放垃圾。

（2）定人。在集中投放时段由专人负责宣传，以及检查、督导居民的垃圾分类投放行为，矫正居民的不规范投放行为，帮助居民养成正确的分类习惯，记录好《家庭垃圾分类台账》。在非集中投放时段安排巡检人员，确保居民规范有序投放。

（3）定规。制定居民分类投放阶段性管理规定，如定点投放、定时投放、厨余垃圾开袋投放、其他垃圾开袋接受检查、垃圾不落地等，规范居民投放行为；制定收集点的作业标准，明确岗前、岗中、岗后作业流程，规范垃圾分类督导员、管理员的作业行为。

（4）定标。落实无害化、资源化、减量化“三化”目标管理要求；制订以垃圾分类无害化、资源化、减量化结果为导向的“三增一减”（增加厨余垃圾分出量、增加有害垃圾分出量、增加可回收物回收量、减少其他垃圾总量）目标管理行动计划；落实知晓率、参与率、正确率“三率”目标管理行动计划，以及目标管理考核标准。

2. 收集点作业管理“八大要素”要求

收集点作业管理应符合“八大要素”要求，即一本、两制、三牌、四标、五件、六要、七不、八有八无。“八大要素”要求具体如下。

一本：每个收集点要建立基础的管理台账，记录居民投放行为以及社区分类垃圾桶、辅料工具设施等的完好情况。

两制：垃圾分类督导员管理制度、收集点日常管理制度。

三牌：规范投放动作提示牌、分类投放红黑榜公示牌、达标户数占比统计牌。

四标：收集点场地标识、引导标识、四分类垃圾桶标识、分类投放积分扫码标识等要醒目、清晰。

五件：分拣盘、分拣夹、破袋钩、手套、围裙等分拣工具齐全。

六要：使用文明用语，提醒居民开袋投放，认真做好分类检查，耐心讲解引导，做好不良行为的溯源记录，确保每天任务指标的完成。

七不：不迟到早退，不与居民争吵，不干预与督导无关的事，不遗漏开袋检查工作，不随意堆放回收物，不混装垃圾，不“只动手不动口”。

八有八无：“八有”是指有分类值守人员、有监控探头、有灭菌除臭设施、有通风照明设施、有分类标志、有洗手的水、有考勤记录、有垃圾分类台账；“八无”是指地面无积水、无垃圾，门窗无灰尘、无乱张贴广告现象，分类垃圾桶无满溢、无污渍，设施无损坏，收集点内外及周边无杂物、臭味。

3. 作业要求

（1）定时开放，在有人值守期间进行有效督导，确保投放有序、正确。

（2）设施完好，洗手池、照明设施、排气扇、监控探头、地上衡完好。

（3）耗材有余，保持收集点洗手液、卫生纸、消杀物品正常供应。

（4）作业工具齐全。

（5）环境清洁、无臭味，地面无污水，桶身干净，定时进行消杀灭菌，保持空气流通。

（6）监控设施正常，能正常无感抓拍，便于工作人员取证。

（7）各类台账齐全，记录及时、准确。一是有《督导工作台账》，做到每天有任务、有结果。二是有《家庭垃圾分类台账》，对管辖范围内的家庭分类投放情况进行记录。三是有《垃圾桶收运台账》，便于统计、分析社区垃圾减量化、资源化、无害化治理成效。

（8）充分应用数据采集管理工具。有条件的社区应配备具有督导作业信息采集取证、积分管理、任务管理、垃圾分类台账管理等功能的信息化管理工具，确保实时采集数据。

学习单元 3

督导环节

一、选人要求

基本要求：督导员应具备初中以上文化水平，无重大疾病史，身体健康，性格开朗，有主动沟通的意愿并善于沟通，会使用智能手机，熟悉本社区居民者优先，经培训、考试获得垃圾分类处置专项职业能力证书。

能力要求：督导员应有主动交流的意愿和能力，能主动提出问题，敢检查、会沟通，能负责任地检查居民是否正确分类投放垃圾，同时能向居民宣传垃圾分类知识，并能指导居民对垃圾进行正确分类。

二、应知应会

1. 会宣传

督导员应了解我国垃圾分类发展的主要历程、垃圾分类的四大环节、发达国家和国内部分地区垃圾分类推广的做法和经验、垃圾分类政策产生的背景和开展垃圾分类的目的、垃圾分类与环境保护的关系以及垃圾分类对碳达峰、碳中和的意义，能讲解垃圾分类的意义，能向居民普及垃圾分类常识。

2. 会检查

督导员应掌握生活垃圾分类基础知识、生活垃圾分类标准，熟悉再生资源基础知识、常见的再生资源，了解再生资源回收体系，掌握疑难垃圾分类方法，能做好各类垃圾的分类检查工作。

3. 会督导

督导员应能辅导居民正确分类投放生活垃圾，能对居民的错误分类行为进行纠正，能对拒不改正的居民进行取证；熟悉垃圾分类岗位职责、作业流程、操作规范，掌握垃圾分类沟通技巧、垃圾分类突发事件应急处置方法和垃圾分类督导管理工具使用方法。

4. 会管理

督导员应了解垃圾分类项目管理中存在的主要问题和难点、垃圾分类治理目标与实施途径、垃圾分类行政管理机制、垃圾分类目标管理基本理论，掌握垃圾分类项目目标管理要点和方法，熟悉行为矫正闭环管理方法和减量闭环管理方法，熟悉垃圾分类宣传推广手段和方法，能进行项目基础管理。

三、岗前培训目标

1. 掌握入户宣传要领，了解入户注意事项、文明用语，会做入户反馈信息记录。
2. 熟悉岗位职责、作业流程、操作规范、督导技巧。
3. 掌握垃圾分类现场推广活动的组织和实施方法。
4. 熟悉各类工具和设施的使用方法，掌握取证拍照方法以及标注规范和要求。
5. 掌握数据采集技术和作业台账记录方法。
6. 熟悉分类垃圾桶的交运流程、交运要求。
7. 熟悉与物业服务企业、业委会、社区居委会协同作业的内容和责任边界。
8. 熟悉岗位考核要求。

四、岗位职责

1. 熟悉垃圾分类知识，主动宣传垃圾分类常识，做好垃圾分类宣传推广工作。
2. 穿工作服，按时上下班，根据岗前作业要求做好岗前准备工作。
3. 根据岗中作业规范，做好宣传、检查、督导、矫正管理等工作。

4. 完成日工作任务，精准采集各项行为数据，确保溯源矫正任务完成。

5. 配合物业管理责任主体完成社区知晓率、参与率指标任务。

6. 落实开袋率、分出率、分类正确率、减量率、资源化率指标任务。

7. 做好可回收物的分拣、捆扎、称重、登记、回收以及台账统计工作。

8. 做好满溢桶更换、分类垃圾桶收运衔接，以及收运数据统计等工作。

9. 做好现场管理工作，保持作业现场干净、整洁、无臭味，确保安全、有序作业。

五、作业流程及要求

1. 岗前

（1）岗前准备。岗前准备工作可归纳为“八步”工作法，即一看、二护、三查、四清、五扫、六摆、七具、八亮。“八步”工作法具体内容如下。

一看：四周巡“看”。到岗打卡并巡看收集点周围情况，在发现有人错误投放垃圾时拍照取证、做好记录，按时上报相关责任部门，按需调用视频监控录像进行溯源追查及整改管理。

二护：做好防“护”。穿好工作服，戴好工作帽、口罩、手套，系好围裙，打开窗户、排气扇，做好自身防护。

三查：设施检“查”。一查有无水电，二查监控网络是否畅通，三查洗手液、卫生纸、消毒液等物料和分拣夹等工具是否配置齐全。

四清：“清”洗桶身。清洗分类垃圾桶，确保桶身干净、无异味。

五扫：清“扫”场地。清扫场地，必要时进行防疫消杀作业，确保环境卫生、整洁。

六摆：“摆”桶套袋。按左绿右黑灰的颜色顺序摆放分类垃圾桶，套上垃圾袋。

七具：工“具”上架。架好分拣盘，摆好分拣夹、破袋钩等。

八亮：戴好工作牌，“亮”出积分扫码卡，站在桶边，开启当班督导工作模式。

（2）收集点常规投放区的分类垃圾桶摆放要求

1）收集点主入口对着其他垃圾桶，且其他垃圾桶在厨余垃圾桶右侧。

2）按组摆放（每个收集点至少配备一个有害垃圾桶）。

3）桶的正面（有标识一面）朝外。

4）桶盖打开。

5）桶身清洁、无臭味、无破损。

6）垃圾桶有套袋要求的，按要求使用相应颜色的袋。

7）可回收物桶因地制宜设置，以满足不同类别可回收物投放需要。

（3）着装要求

1）上身穿工作服，下身穿深色长裤。

2）戴工作帽、口罩、手套。

3）穿系带鞋子。

2. 岗中

（1）作业流程。岗中督导工作流程可归纳为“十步”工作法，即一迎、二察、三询、四检、五导、六矫、七采、八梳、九统、十记。“十步”工作法具体内容如下。

一迎：即笑脸相迎、使用敬语问候，引导居民按分类垃圾桶投放各类垃圾。

二察：观察居民是否将垃圾分干、湿二袋，重点观察有无一袋混装投放的情况。

三询：询问居民是否已经将垃圾分类，提醒居民按照提示牌内容进行分类投放。

四检：按照提示牌内容逐一检查居民的垃圾分类情况，及时发现垃圾混装混投现象。

五导：辅导居民进行垃圾分类，耐心与居民进行交流。

六矫：对分类不正确的居民，引导其做二次分拣，鼓励其下次从源头矫正；对分类不细致的居民，请其留步并指出错误，强化现场督导；对抵触分类的居民，请其留步并做政策宣传，鼓励其参与垃圾分类；对不听劝阻的居民，告知相应处罚政策，劝导其参与垃圾分类。

七采：落实日工作量任务指标要求，采集不同类别垃圾的分类投放行为，尤其是采集抵触分类、不听劝阻的行为人的信息数据，记录其投放时间、取证图像、行为类型，形成行为溯源任务工单并提交物业管理责任主体进行后续行为的矫正管理。分类投放行为类型及记录代码表见表3–3。

八梳：空余时间收纳、整理可回收物桶中的物品，对可回收物进行分类、压实、捆扎，做好交运准备工作，严禁将可回收物作为私有物变卖。

九统：做好四分类垃圾量的统计工作，为垃圾分类大数据分析创造条件。收集点日垃圾量统计表见表3–4。

十记：做好日工作任务统计工作，确保完成日工作量任务。

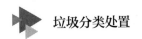

表 3-3　　分类投放行为类型及记录代码表

类型	检查内容	检查结果	垃圾分类督导员	取证	记录	代码
不定点	巡查	不定点投放	调取视频监控图像识别、溯源行为人	有人值守则人工抓拍取证，无人值守则由视频监控设备智能或半智能抓拍取证	不定点	10
不定时	巡查	不定时投放	调取视频监控图像识别、溯源行为人		不定时	20
厨余垃圾	要求开袋投放	开袋投放	“请开袋投放”		厨余开袋	31
		不开袋			厨余不开袋	30
	要求开袋检查	分类错误	分类辅导，要求居民现场二次分拣		厨余错	32
		分类正确	“谢谢，请问需要积分吗”		厨余对	33
其他垃圾	要求开袋投放	不开袋	“请开袋投放”		其他开袋	41
		开袋	“谢谢”		其他不开袋	40
	要求开袋检查	其他垃圾分类正确	“谢谢，分得很棒”		其他对	43
		混投、不分类	要求将家庭厨余垃圾等与其他垃圾分开投放		其他错	42
		一袋里套干、湿二袋混装	要求干、湿二袋分开投放		混装	44
可回收物	要求开袋检查	分类正确	“请问需要积分吗”		回收对	51
		分类错误	分类辅导		回收错	52
有害垃圾	要求开袋检查	分类正确	“请问需要积分吗”		有害对	61
		分类错误	分类辅导		有害错	60

表 3-4　　收集点日垃圾量统计表

日期	时间	厨余垃圾		其他垃圾		可回收物							有害垃圾
		桶数	净重	桶数	净重	废纸	废塑料	废玻璃	废金属	旧织物	废旧家电、电子产品	其他	净重
	上午												
	晚上												
	日小计												

续表

日期	时间	厨余垃圾		其他垃圾		可回收物							有害垃圾
		桶数	净重	桶数	净重	废纸	废塑料	废玻璃	废金属	旧织物	废旧家电、电子产品	其他	净重
	上午												
	晚上												
	日小计												
	上午												
	晚上												
	日小计												
周统计													

注：若收集点配置了地上衡，则在更换垃圾桶时，将垃圾桶拖至地上衡的称重台即可自动记录净重；若收集点没有配置地上衡，则通过目测人工估计净重。例如，240 升厨余垃圾桶装至 90% 时，净重估计在 90~100 千克；240 升其他垃圾桶装至 90% 时，净重估计在 35~45 千克（视压实情况）。

（2）作业要求。落实两个任务，即每班落实 *N* 个居民不良行为引导矫正、*N* 个不听劝阻居民溯源数据采集（*N* 的具体数据根据各个社区实际情况确定）。做到一个严禁，严禁“只动手不动口”，即严禁只动手替居民二次分拣，不张口辅导居民进行正确分类。

3. 岗后

下班时遵循岗后“八步”工作法，即一归、二收、三运、四清、五消、六点、七核、八关。

一归：将分类垃圾桶归位，使其排列整齐。

二收：将可回收物分类、打包、称重、登记、交运，确保日产日清。

三运：做好分类垃圾桶收运衔接工作。

四清：清扫现场，清洗工具，清洁立柱、门窗等。

五消：现场消杀，做好防疫措施。

六点：清点工具，收好物料，确认设施完好。

七核：做好日工作量、垃圾量统计，以及工作小结。

八关：关水、关电、关窗、锁门。

4. 防疫消杀

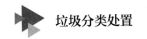

（1）现场消毒液配制。如果使用次氯酸钠消毒液（84 消毒液）进行现场消杀，要注意以下四点。

首先，明确消毒产品的有效氯含量，因为它会影响消毒液和水的配比。

其次，注意生产日期和有效期。

再次，针对不同的消毒对象，应按其所需的消毒液配比进行调配、消杀。

最后，消毒液现用现配，并用专门的抹布蘸取消毒液涂抹使用。

（2）地面、墙壁消杀。若地面、墙壁上有肉眼可见的污染物，则应先完全清除污染物再消毒；若地面、墙壁上无肉眼可见的污染物，则直接用消毒剂擦拭或喷洒消毒。对于不耐腐蚀的地面和墙壁，可用有效成分含量为 2 000 毫克每升的季铵盐消毒剂擦拭或喷洒消毒。进行地面消毒时，先由外向内喷洒一次，喷药量一般为 100~300 毫升每平方米；待室内消毒完毕，再由内向外重复喷洒一次，消毒作用时间应不少于 30 分钟。

（3）物体表面消杀。可选择含氯消毒剂、二氧化氯消毒剂、季铵盐消毒剂、过氧乙酸消毒剂、过氧化氢消毒剂、单过硫酸氢钾消毒剂等进行擦拭、喷洒或浸泡消毒，也可采用经验证安全有效的物理消毒方法和无害化方法处理。

（4）室内空气消杀。可选择过氧乙酸消毒剂、二氧化氯消毒剂、过氧化氢消毒剂等进行喷洒消毒，也可选择循环风空气消毒机、紫外线消毒设备或其他安全有效的物理消毒方法和无害化方法处理。

（5）手消毒。建议用适宜的消毒剂揉搓双手进行消毒，可选择 75% 乙醇、过氧化氢等消毒剂。

5. 突发事件应急处理

提前做好突发事件应急预案，牢记处理要点，耐心做好突发事件应急处理工作。

（1）若督导员身体不适，应稍事休息、深呼吸、喝水，必要时向管理员申请离开岗位。

（2）若居民投放垃圾时不小心跌倒，督导员应及时将其扶起，并询问其家人电话通知家人，若有必要应拨打医疗急救电话。

（3）若桶满溢后现场无替换桶，督导员可对现场分类垃圾桶进行应急调整，如挪出可回收物桶内的物品临时应急使用，通知分类运输企业应急收运，或通知物业管理责任主体进行应急处置。

（4）若洗手池停水，督导员应及时通知物业管理责任主体并到周边未停水区域打一桶水，以方便居民投放垃圾后临时洗手。

（5）若停电，督导员应及时联系相关机构报修。

（6）若遇到失火情形，督导员应先识别火情，用现场的灭火器或水管灭火，并及时通知管理员。

（7）若收集点门（帘）损坏、关不上门，督导员应通知管理员及时维修。

（8）若个别居民不听劝阻、无理取闹，督导员应尽量避免与其发生正面冲突，继续正常开展垃圾分类检查、督导工作，事后通知物业管理责任主体调取视频记录进行处置。

（9）一旦发现有害垃圾疑似撒漏，督导员应及时用干废纸将其收集、包裹，装入塑料袋密封后投放到有害垃圾桶，再用干废纸将地面擦净，并进行消杀处置。

（10）若垃圾桶破损，督导员应及时更换，避免垃圾漏出污染环境，并通知管理员。

（11）若发现居民投放有毒、易爆、易燃物品，督导员应立即将该垃圾桶拖离投放区隔离存放，避免产生负面影响，同时报告相关部门做好安全处置工作。

（12）若台风、暴雨、地震等突发自然灾害导致垃圾产生量剧增，原有的垃圾收运体系可能被破坏，应听从上级部门的突发事件收运调度指挥安排。

（13）在突发公共卫生事件受控地区，产生的生活垃圾一般具有一定危险性，应遵循“谁危害大、谁优先”的原则，具体的投放、收运环节应服从有关部门的相关要求。对集中隔离点、居家隔离点、健康观察点产生的生活垃圾，应按现行防疫管控措施执行，落实源头点位消毒，实施定人、定点、定车、定时、定路线的专项清运，在清运作业过程中应对收集容器、收集点、作业场所周边 2~3 米范围内以及装载作业车辆进行消毒处理，同时尽量减少中间转运环节，避免交叉污染。

（14）若发现有人在住宅区乱扔垃圾，督导员应及时制止，要求定点投放；若居民不听劝阻，督导员应报告物业管理责任主体，调取监控视频进行取证、追踪溯源，必要时通知城管部门处理。

6. 安全生产

（1）牢固树立安全生产意识，确保督导作业过程安全。

（2）穿好工作服，戴好工作帽、手套、口罩等护具，强化防疫意识。

（3）确保当班期间身体健康，没有不适反应。

（4）不酒后上班，保持头脑清醒。

（5）保持地面干燥，防止滑倒摔伤。

（6）及时发现未熄灭的烟头，对易燃、易爆物品应及时、规范处置。

（7）在遇到雷暴雨天气时，应避免在露天、树下作业，注意防雷防雨。

（8）检查垃圾桶有无锋利物品，若有应取出处理。

（9）检查垃圾桶挂钩、护手是否损坏、老化，按需及时更换。

（10）垃圾桶的装载物不得超宽、超高、超重。

（11）更换、拖运垃圾桶时应注意力度，避免身体受伤或设施损坏。

（12）更换、拖运垃圾桶时应注意四周环境，避免伤害他人。

（13）若垃圾袋破损，也应做到不撒漏、不四溅。

（14）若需要踩踏在凳子上作业，应保证双脚都踩踏在凳子上，以防单脚踩踏不稳导致摔伤。

（15）喷洒消毒剂时应戴好口罩、手套，站在上风口喷洒。

（16）处理有毒有害物品时应戴好口罩、手套，防止二次污染。

（17）清洁宣传栏时应小心轻擦，防止玻璃破损后刮伤肌肤。

（18）接收可充电式蓄电池时，应轻拿轻放，并使用绝缘胶带缠绕、封堵电极、充电口等部位，避免因外壳破损或电极接触金属、水等物质而发生火灾。

（19）不在收集点抽烟或动用明火。

（20）不在收集点给电动车充电，定期检查照明电源线路，排除用电隐患。

特别提示

废弃口罩规范处置方法

在传染病流行期间，应做好废弃口罩的规范处置。

一是规范设置废弃口罩的定点收集容器。在原垃圾投放收集点设置专用的废弃口罩收集容器，并张贴明确的标识，引导群众定点投放。

二是规范投放、收运废弃口罩。对于家庭垃圾中产生的废弃口罩，应使用密封袋或保鲜袋先将其密封，再投入收集容器。收集容器内要设塑料袋内衬，并保证废弃口罩准确地被投入。

收运时应将收集容器内的塑料袋包好、扎紧。废弃口罩要日产日清，每天收运不少于两次，且必须及时对收集容器、收集点、收运车、转运站进行消毒。

三是加强废弃口罩全过程监管。加强对废弃口罩进行投放、收运和处置全过程的监管，严格实行无害化处理。

六、服务规范

1. 文明督导

服务态度要热情、周到、诚心、耐心。说话语调要适中，使用商量的语气，要使用敬语。迎送要根据年龄、性别使用正确的称谓。对前来投放垃圾的居民，应主动上前迎接，主动打招呼，主动问是否需要帮助。对于初次分类不熟悉要求者，要表现出耐心、包容心，要给予其鼓励。对于小朋友，要赞扬、鼓励并提供帮助。对于弱势群体，要主动上前提供帮助。对于长期不分类、混装、一投就走的“钉子户”，要耐心地恳请其配合工作，晓之以理、动之以情。

督导过程要以鼓励、表扬为主，切忌责怪、批评；要动口宣讲，切忌“只动手不动口”；要勤检查、勤引导、勤示范、勤表扬。

文明督导口诀：穿戴整洁，举止端雅；和颜微笑，亲切服务；中等语调，平易近人；耐心倡导，以理服人；礼貌用语，用情督导；分对赞扬，积分反馈；分错指出，耐心引导；不听劝导，取证溯源；辅老爱幼，助人为乐；桶盛满溢，实时更换；回收物品，及时整理；突发事件，妥善处置；屡教不改，溯源上报；采集数据，客观精准；行为矫正，循序渐进；提醒洗手，欢迎再来；群众认可，成效明显。

2. 督导用语

督导员的岗位职责是督导而不是分拣，应通过人与人的交流传递爱和文明。因此，督导员应掌握必要的礼貌用语、礼仪规范和沟通技巧。建议使用赞美性用语，因为适当的赞美会让人感觉舒服；严禁使用不文明用语，如侮辱性语言、调侃性语言等。对于老人或初次分类不熟悉要求者，切忌没有耐心、语气生硬。

常用的文明用语举例如下。

尊敬别人要说“您”，恭敬礼让要说“请”，表示歉意要说“对不起”，真诚问候要说“您好”，感谢他人要说“谢谢”，分别时候要说“再见”，表示谅解要说“没关系”，请求别人要说“劳驾”。

迎客用语：“您好！欢迎到这里来投放垃圾。”

送客用语：“先生 / 女士，您分得很好，谢谢您的参与、支持、配合，给您点赞！”

劝导用语：“您好！麻烦您把厨余垃圾倒出来！今天没分好没关系，明天在家里分好了再拿下来投放。”“明天分好了拿下来投放好吗？如果能分得更细一点就好了！”

3. 不同场景沟通示例

（1）要求居民开袋投放

“您好，按要求，厨余垃圾请开袋投放，塑料袋请投放到其他垃圾桶，谢谢配合！”

“您好，按规定要求，请您开袋投放垃圾，谢谢！”

“您好，请按规定要求开袋投放垃圾，请您配合，谢谢！”

“对不起，垃圾必须开袋投放，谢谢您的配合。”

（2）询问居民家庭门牌号

“您好，您分得很好，社区居委会要求统计优秀家庭，能告诉我您家的门牌号吗？”

“您好，您分得很好，您需要扫二维码领取积分吗？”

“您好，社区居委会要求做分类调查，您能告诉我您家的门牌号吗？”

（3）表扬分类正确者

“谢谢您的配合！”

“您分得很正确，谢谢您！”

“分得很好，谢谢您，扫这个二维码可以领取积分，请问您需要吗？”

“您分得很正确，请告知门牌号，我帮您领取积分，好吗？”

（4）提示分类错误

“谢谢您的配合，您分得不对，如 ×× 属于 ×× 垃圾，请下次注意哟！”

“谢谢您的配合，这里有点儿小错误，这个不是厨余垃圾，是其他垃圾。”

“垃圾分类主要是在家里进行源头分类，您在家里分好了，来这里投放就方便了。”

“您需要垃圾分类引导卡吗？”

（5）引导二次分拣

“对不起，您分得不对，请配合再分一下，谢谢您的配合！”

“对不起，您分得不对，宣传栏上要求现场更正，请您配合再分一下。”

“对不起，您分得还是不对，请配合再分一下，否则收运公司不给收运，谢谢！”

（6）面对屡教不改的居民进行污点记录告知

“对不起，您还是没有分类，麻烦您支持工作，分一分！”

“对不起，您还是没有分对，麻烦您重新分一下，不然影响整个社区垃圾分类进度。”

“对不起，跟您说过多次了，拜托支持一下社区工作。”

“对不起，跟您说过多次了，再不分类后台监控要抓拍了，谢谢配合”。

（7）帮助行动不便的老人、病人投放

“您小心，我来帮您，谢谢，分得很好，小心走好！”

"您小心，我来帮您，谢谢，这样分不对，下次请注意，您走好！"

（8）鼓励小朋友并协助其倒垃圾

"小朋友分得真好，大家都要向你学习。"

"帮家长做家务，真棒！"

（9）面对不听劝导、态度不好的居民

"垃圾分类是国家要求的，人人有责！"

"垃圾分类是大家的事，人人都有责任！"

"我的职责是监督、引导大家分类，不是替您分类，请自觉遵守公共规则！"

"请您遵守国家垃圾分类管理规定，共同维护垃圾分类公共秩序，谢谢！"

（10）面对丢完即走的居民

"先生 / 女士，请留步，您投放的垃圾未分类 / 分类不达标，按规定，我没办法收纳，麻烦您现场重新分类。"

4. 针对不同群体的督导技能

督导员除了要能讲清楚如何分类，还要针对不同的个体使用不同的沟通交流技巧。

（1）针对弱势群体。其特征如下：适应能力较差，行动缓慢或不方便。督导要点：注重礼貌，语速慢，吐字清晰，询问是否需要帮助，提醒注意安全；督导语言简单易懂，信息量不要过大；对于多次辅导依旧分类不清的，可边辅导边询问其家庭门牌号，将其问题反映给物业管理责任主体，要求其家庭成员在源头做好分类工作；必要时，协助其做好二次分拣。

（2）针对混装侥幸者。其特征如下：缺乏公共意识，自我意识强，偷懒嫌烦，带侥幸心理。督导要点：有计划、分阶段重点突破，在其投放垃圾时，坚决要求其开袋检查，耐心辅导、示范，连续坚持几天，迫使其放弃侥幸心理。

（3）针对分不清者。其特征如下：做事马虎、应付了事，对垃圾分类重视不足，有按干、湿二袋分类，但常出现分类出错现象。督导要点：在其投放垃圾时进行耐心的辅导，坚持让其做好二次分拣，促使其在家里认真分类。

（4）针对一抛了之者。其特征如下：来去匆匆赶时间，或边打电话边投放垃圾，心不在焉。督导要点：要求其留步，提醒不要着急，慢一点儿投放；若某人多次出现这种现象，则提醒其有监控拍照取证，抛投垃圾是不文明行为。

（5）针对不分类者。经过一段时间的垃圾分类，绝大多数居民在监督下都能分类投放，不分类人群占比较小，需要具体分析其情况，分清是刚搬来的新住户还是老住户，并进行区别对待。监督要点：对于新住户，要强化现场宣传引导；对于老住户，这类人大多以自我为中心、素质相对较低，督导时要特别注意避免与其发生冲突，要耐心督导，晓之以理、动之以情，将其逐步感化。

（6）针对顽固不化者。其特征如下：自我意识强，目中无人，为人傲慢，心存偏见，行为粗俗。督导要点：调整好情绪，避免与其发生冲突，主动打招呼，晓之以理、动之以情，不厌其烦地逐步将其感化，必要时进行拍照取证形成溯源任务工单，督促物业管理责任主体进行后续行为矫正管理。注意，在垃圾分类收集点现场拍照取证形成溯源任务工单一般较难做到，因为你拿着手机对行为人拍照，会引起不必要的纠纷和麻烦，所以建议采用无感抓拍形式进行抓拍。

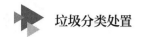

学习单元 4

收运与处置环节

垃圾收运与处置是指将分类后的垃圾从末端收集点按照收运规范标准，定时、定路线无害化运输到不同的末端处置厂进行处置。

城镇生活垃圾的收集运输体系一般分为三级：一级为从单位、居民区内的收集点将分类垃圾桶拖运到外面的收运集中点；二级为从单位、居民区外面的收运集中点将垃圾转运至城镇垃圾中转站或直接运至后端处理厂；三级为从城镇垃圾中转站将垃圾转运到后端处理厂。

一、概述

国家建立城镇生活垃圾收集运输系统，将垃圾按其属性从不同的收运集中点运输到不同的后端处理厂进行处置利用。通常城乡接合部和人口密集区域的农村生活垃圾，也纳入城镇垃圾收集运输体系。而偏远地区和人口分散区域的农村生活垃圾，通常就近就地进行资源化利用和减量化处置，只有有害垃圾、其他垃圾等不具备就近处置条件的生活垃圾，才会纳入城镇生活垃圾收集运输体系。

国家规定设区的市、县人民政府按照区域统筹方案，遵循设施共享的原则，建立生活垃圾跨区域处理补偿机制。本省境内跨县级以上行政区域转移处置本地生活垃圾的，移出方所在地的人民政府应当与接收方所在地的人民政府协商一致，由移出方所在地的人民政府根据转移处置量向接收方所在地的人民政府支付生活垃圾处置补偿费或者以其他方式进行补偿。生活垃圾处置补偿费用于生活垃圾处理设施周边地区的环境美化、环境整治，市政配套设施和公共服务设施的建设和维护，地区经济发展的扶持和补偿等。

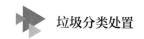

国家实施垃圾收运主体责任制管理制度。厨余垃圾收运主体由城管部门管理，通过使用城管部门指定的专用厨余垃圾收运车进行垃圾收运，并运输到城管部门指定的厨余垃圾处理厂进行以生化处置为主的综合处置。其他垃圾收运主体由城管部门管理，通过使用城管部门指定的专用收运车进行垃圾收运，并运输到指定的垃圾焚烧厂、填埋场进行焚烧发电、卫生填埋等无害化处置。有害垃圾收运主体由环保部门管理，通过使用环保部门指定的专用有害垃圾收运车进行垃圾收运，并运输到环保部门指定的有害垃圾处理厂进行无害化处置。可回收物和大件垃圾收运主体由商务部门管理，他们将垃圾运输到指定的分拣中心打包场进行粗加工并打包，之后粗加工垃圾将作为原料出售给后端利废企业。装修垃圾收运主体由住建部门管理，一般是指定的专业建筑垃圾处理厂，他们将装修垃圾收运、破碎、分拣、归类处理后，再将其作为原料出售利用。

国家把生活垃圾分类收运列入行业监管序列，对收运企业采用准入制管理。监管部门制定统一标准的行业服务质量体系，对收运进行全过程监管，要求收运车标识标牌、颜色统一并配置 GPS 全球定位系统，明确收运时间、收运路线、收运质量标准，推广“车载桶装”“公交化直运”“地下转运设施”等做法，防止混装混运和二次污染。

一般由街道（镇）办事处牵头，组织社区居委会、物业服务企业共同负责选定垃圾收运集中点的位置，方便垃圾收运车进行收运作业。通常要求分类垃圾桶在垃圾收运集中点的停留时间不超过 15 分钟，尽量避免出现邻避效应。同时，街道（镇）办事处制定生活垃圾分类收集、运输应急方案，报所在地的县（市、区）人民政府城乡生活垃圾监督管理部门备案。

Tips 小知识

生活垃圾回收利用体系的统计制度

在生活垃圾的收集、运输、转运等环节均应计量，并利用统计台账详细记录生活垃圾的来源、种类、数量、去向和收运的时间、地点、路线等信息，数据应真实可信，台账保存期一般不少于 5 年。

二、垃圾拖运与收运

1. 垃圾拖运

一般由单位、居民区垃圾分类管理责任主体指定的拖运员，按照拖运要求，将区域内各收集点的分类垃圾桶拖运到指定的收运集中点，以方便垃圾收运车统一收运。

（1）拖运管理

1）明确垃圾收运集中点的位置。根据社区实际布局情况选择合适的位置，确保收运车、收运作业不影响正常的交通，不占据出入口。

2）明确拖运任务清单。落实每个收运集中点日拖运桶总数、拖运班次、拖运路线、拖运时间和拖运质量要求。

3）明确拖运责任人。落实拖运员，确保拖运员有足够的能力完成拖运任务。同时落实监管人员，对拖运情况进行必要的监督管理。

4）落实应急拖运管理措施。常备 10%~15% 的冗余垃圾桶，以满足应急拖运需要。一旦收到应急拖运要求，拖运员应听从指挥，做好应急垃圾桶的拖运工作。

（2）拖运操作流程

1）拖运员按时到达收集点，做好分类垃圾桶的清点工作，并拒绝拖运不符合分类规范的垃圾桶。

2）确认分类垃圾桶的数量、净重，并在垃圾桶拖运台账上做好签收工作。

3）检查分类垃圾桶有无混装现象，严禁危险废物、医疗废物、工业废物、建筑垃圾等混入生活垃圾后被收运。

4）若发现分类垃圾桶有混装现象，应按要求及时做好二次分拣，直至符合拖运标准。

5）对于要求称重的分类垃圾桶，应利用地上衡进行称重，并记录垃圾种类、净重、拖运时间和拖运员。

6）应沿规定拖运路线进行有序拖运，严禁野蛮拖运，严禁分类垃圾桶在拖运途中出现跑冒滴漏的情况。

7）将分类垃圾桶拖运完毕，拖运员应及时将空桶拖回收集点原位，做好分类垃圾桶的清洁工作，同时确保分类垃圾桶完好。

2. 垃圾收运

（1）其他垃圾收运

1）基本要求

①落实后端处理厂。其他垃圾收运的前提是确定后端处理厂，且确保后端处理厂的处置能力、处置方法、环保措施符合相关要求。

②落实收运集中点位置。规划、落实各社区收运集中点的位置，设置标识、提示牌，清理场地，确保收运集中点选址合理、环境安全。

③落实收运主体。与后端处理厂协商落实收运主体，明确收运交接程序和要求、收运管理制度和考核办法。

④落实收运车。根据其他垃圾的产生量、收集运输频率等因素配置足够数量的收运车，建议使用新能源车。明确收运车外观装饰要求，在车身醒目位置喷涂与其他垃圾对应的标识。在收运车上配置行车记录仪、电子标签识别器、装卸记录仪，并通过无线网络系统将车辆位置、运行轨迹、净重、工作时间等信息统一接入监管平台。定期对收运车进行维护保养，更换老旧的污水阀门、密封条等零配件，若车辆厢体有破损应立即进行更换。

⑤明确收运路线。根据收运集中点地理信息位置图，科学地规划收运路线。

⑥明确收运班次。根据每个收运集中点的收运量计算收运装载耗时，并按照收运路线测算出到达每个收运集中点的时间，制定收运车到达时刻预报表。

⑦明确收运要求。每天准时发车，提前15分钟预报收运车到达时间，确保收运车在收运集中点的停放时间不超过15分钟。有条件的收运单位应配备收运车地理信息系统，提供车辆轨迹、到达站点位置等信息，以便拖运员掌握收运车的行进情况，及时做好分类垃圾桶的拖运工作。在装载分类垃圾桶时应认真检查，拒绝收运混装混投的分类垃圾桶并进行拍照取证，同时在拒收情况表上记录混装混投垃圾的社区名称、拒收理由、拒收时间，定期将该表及时发送到所在地的县（市、区）人民政府城乡生活垃圾监督管理部门。做好分类垃圾桶的称重工作，记录分类垃圾桶的来源、重量、收运时间，并定期向所在地的县（市、区）人民政府城乡生活垃圾监督管理部门备案。收运其他垃圾时，必须在装载区域地面铺设垫布，并轻装轻放，避免将分类垃圾桶损坏。在收运完成后，应使用冲洗设备立即对分类垃圾桶、路面进行清洗，做到车离桶净、地净，并将分类垃圾桶摆放整齐，及时清扫收运集中点，确保场地整洁有序。严禁收运车违法违规乱倒、偷倒垃圾。不得将行政区域外的生活垃圾转移至本行政区域处理，也不得将本行政区域内的生活垃圾转移至行政区域外处理，除非双方行政管理责任主体协议约定。在收运过程中，收运车应采取密闭措施，避免垃圾遗撒、气味散

逸和污水滴漏。

2）收运流程

①清点。在到达收运集中点后，及时核对、清点所收运的分类垃圾桶数量。

②前期检查。开桶检查，拒绝收运混装垃圾桶。

③铺布。在装载区域铺设垫布。

④挂桶。逐个将待收运的分类垃圾桶拖至收运车的挂钩上。

⑤称重。对于配备自动称重设备的收运车，选择收运地点、收运类型，由系统自动称重；对于未配备自动称重设备的收运车，应先做好分类垃圾桶的称重、记录工作，再挂桶。

⑥装载。按启动键，收运车被自动提升，开始装载、压缩垃圾。

⑦后期检查。检查分类垃圾桶是否倾倒干净。

⑧清洗。如果收运车配有高压清洗枪，应及时清洗分类垃圾桶。

⑨归位。将空桶拖回原位，摆放整齐。

⑩收布。及时收回垫布。

⑪清扫。做好装载区域的路面清扫、保洁工作。

3）收运监管

①由本地城管部门对其他垃圾的收运主体进行监管，建立收运监管考核机制，制定收运企业红黑名单管理制度。

②收运单位要制定垃圾分类收运质量监管制度，有条件的应在收运车上安装无线视频监控设备，及时发现不规范行为，及时矫正。没有安装无线视频监控设备的单位应做好日常巡检工作，及时发现、矫正不规范行为。

③各收运集中点所在社区居委会、物业管理责任主体负责对收运作业质量进行监管，应不定期对收运过程进行巡检，及时发现问题，并上报所在地县（市、区）人民政府城乡生活垃圾监督管理部门。

4）收运考核。考核内容主要有定点定时收运率、收运作业规范情况、运输过程规范情况等。

（2）有害垃圾收运

1）收运原则。通常按照“产生者分类投放，各区属地收集，市统一收运处置”的原则，构建有害垃圾的全程封闭式收运管理体系。有害垃圾由本区域生活垃圾清运单位或所在区绿化市容管理部门指定的具备条件的单位负责收运。

2）车辆要求。有害垃圾的收运车应按照《危险废物收集、贮存、运输技术规范》（HJ 2025—2012）的相关规定，获得交通运输部门颁发的危险货物运输资质，并由持有相应危险废物经营资格证的单位按照许可证经营范围组织实施收运。有害垃圾收运作业单位应按照密闭运输要求配置专用车辆。专用车辆应按照相关规范喷涂有害垃圾分类标识、服务监督电话，并在车厢内部配置缓冲设备或材料，防止有害垃圾在收运过程中渗漏、破损、遗撒。每辆收运车都需要安装 GPS 和行车记录仪。

3）收运交付。有害垃圾采用定期或不定期预约上门的交付方式。进行收运交付时，应对有害垃圾进行计量并做好登记，交付双方应确认信息无误。严禁其他类别的危险废物和企事业单位生产过程中产生的危险废物混入有害垃圾后交付。各社区、单位应在有害垃圾收集点设立有害垃圾信息管理公示栏，公示内容包含责任人、管理员、服务监督电话、管理规范、收运企业等。

4）规范转运。环保部门组织专业的危险废物收运企业在约定时间内，使用专用车辆转运有害垃圾，并按照操作规范与垃圾产生单位做好台账交接及有害垃圾转移联单登记工作。

5）收运监管。环保部门指导、监督和管理有害垃圾的分类收集、贮存、运输和处置工作，定期对收运企业进行检查，严格落实有害垃圾收运“专车、专人、专路线”的全程封闭式收运管理，严格落实从业人员接受专项培训、经考核合格方可上岗的要求。

（3）可回收物收运

1）基本要求。收运机构应由商务部门认可，并在工商部门登记。

①从业人员资格要求。收运机构的再生资源回收员应经过专项培训，经考核合格获得再生资源回收从业证书，持证上岗。收运机构的工作人员在作业期间应穿戴统一的工作服和工作帽，佩戴统一的工作牌。

②车辆要求。收运车应经过交通管理部门审批，配置密封式防雨箱，且在运输过程中不得超重、超宽、超高，应符合道路运输相关要求，确保运输过程安全、环保。收运车可以是专项类回收车，也可以是综合类回收车。

收运车的合适部位应喷涂可回收物类别标识、收运公司名称、联系电话、监管电话、车辆编号、委托单位名称等基本要素。收运车应保持外观干净、整洁。

③设备要求。收运机构应根据回收网点数量合理配备标准的称重计量设备、便携式票据打印机，有条件的可以建立称重计量设备在线管理平台，进行统一管理。

④收运契约要求。收运机构应与街道（镇）签订生活社区可回收物收运合约，明确回收地理范围，明确生活垃圾分类投放收集点和再生资源回收点的位置，明确回收结算方式，并形成收运任务清单。

2）收运流程

①摆好称重计量设备并对其进行校准，确保其功能正常。

②准备好大规格分类回收袋。

③进行分类检查。检查可回收物桶中的塑料瓶，分拣出带有残留物的塑料瓶；将检查过的塑料瓶装入塑料回收袋，扎紧袋口。

检查可回收物桶中的铝制饮料罐，分拣出未压扁的铝制饮料罐；将检查过的铝制饮料罐装入铝制饮料罐回收袋，扎紧袋口。

检查可回收物桶中的铁制饮料罐，分拣出未压扁的铁制饮料罐；将检查过的铁制饮料罐装入铁制饮料罐回收袋，扎紧袋口。

检查可回收物桶中的纸基复合包装饮料盒，分拣出未压扁的纸基复合包装饮料盒；将检查过的纸基复合包装饮料盒装入纸基复合包装饮料盒回收袋，扎紧袋口。

检查可回收物桶中的废纸、废包装物，剔除不宜回收的废纸、废包装物，将检查过的可回收废纸、废包装物折好、压平、整形、捆牢。

将一次性塑料薄膜、塑料袋、食品袋等低值可回收物压实、打包。

将废塑料制品装入废塑料回收袋。

检查可回收物桶中的废玻璃，剔除未去掉瓶盖、未撕掉瓶身标签、瓶内有残留物的玻璃瓶，将检查过的可回收废玻璃装入玻璃回收袋，扎紧袋口。

检查可回收物桶中的旧织物，剔除污损严重的旧织物，将检查过的可回收旧织物装入织物回收袋。

将废弃的小型家用电器装入小型家用电器回收袋。

④对各类可回收物逐一进行称重、计量。

⑤对家用电器如冰箱、电视、计算机、洗衣机、空调等可回收物，逐一按类型、尺寸大小按件计价。

⑥统计测算大块泡沫塑料等松散废品的体积，形成工单，另行派车收运。

⑦若使用综合类收运车，则可根据回收袋类别，将质量重的可回收物先装车，将质量轻的可回收物后装车；若使用专项类收运车，则只能回收单一类别的可回收物。

⑧打印回收凭证，由收运集中点交货人员签收。

3）收运监管

①本地商务部门负责可回收物的收运监管工作，应建立可回收物收运监管考核机制，制定收运企业红黑名单管理制度。

②可回收物收运机构要制定收运管理制度，落实定点、定人、定车、定时、定路线的收运机制，建立收运及时率考核机制。可回收物收运机构在收运过程中要对可回收物的质量进行认真的检查，严防瓶内灌水、废纸掺水等虚增净重现象，杜绝生产性再生资源回收等非法回收现象。可回收物收运机构应定期将收运考核监管数据上报所在地的县（市、区）商务部门。

③回收储存场应落实污染防治机制和应急处理预案，地面必须进行硬化处理防止

渗漏。对于含制冷剂的可回收物，如空调、冰箱等产品，在装卸、运输、储存过程中要做好相应的防护措施，防止产品碰撞或者跌落，避免制冷剂泄漏后污染环境；对于含有毒有害物质的零部件，在回收过程中应单独存放，做好防护措施并设置专用标识，避免有毒有害物质泄漏后污染环境。

④在收运过程中一旦发现生产性废旧金属，应当查验出售单位开具的证明，对出售单位的名称和经办人的姓名、住址、身份证号码以及物品的名称、数量、规格、新旧程度等如实进行登记。严禁收运枪支、弹药和爆炸物品；严禁收运剧毒、放射性物品及其容器；严禁收运铁路、油田、供电、通信、矿山、水利、测量等行业的专用器材和城市公用设施；严禁收运公安机关通报寻查的赃物或者有赃物嫌疑的物品。

⑤收运单位要遵守道路交通管理规定，定期对运输驾驶人员进行道路驾驶安全培训，自觉接受交通管理部门的管理。

⑥收运单位要定期对回收人员进行再生资源回收相关法律法规以及污染防治、安全生产等内容的培训，严格遵守行业管理规定，自觉接受公安部门的检查监管。

（4）厨余垃圾收运

1）家庭厨余垃圾和其他厨余垃圾收运。具体指居民家庭日常生活和农贸市场、农产品批发市场产生的有机易腐垃圾的收运。

①车辆要求。收运车应经过交通管理部门审批，配置防漏防雨的密封箱和 GPS，车体统一喷涂“厨余（湿）垃圾专用运输车”字样和相应标识，以及收运公司名称、联系电话、监管电话、车辆编号、委托单位名称等基本要素。应对收运车进行定期检修、维护、清洗，做到车况良好密闭、车容整洁。厨余垃圾运输应符合《餐厨垃圾处理技术规范》（CJJ 184—2012）的规定。

②收运要求。每天定时定点到各产生单位、社区收集厨余垃圾，可直接运至厨余垃圾处理厂进行处置，也可先转运至垃圾中转站（湿垃圾专用机位）再运至厨余垃圾处理厂处置。严禁将厨余垃圾与其他垃圾混装收运。禁止无收运资质的单位非法收运厨余垃圾。在收运过程中，收运车必须确保完好和密闭，符合环卫作业规范，不得遗撒、滴漏，不得污染沿途环境。

③收运监管。由城管部门联合市场监督管理、农业农村、公安等部门，对厨余垃圾产生、收运的全过程进行日常检查。

2）餐厨垃圾收运。餐厨垃圾收运对象包括各类食堂、宾馆、饭店等餐饮服务单位。

①车辆要求。参考“家庭厨余垃圾和其他厨余垃圾收运”的相关内容。

②收运要求。采用专门的餐厨垃圾收运车，安排专人按照约定的时间上门收集餐厨垃圾。餐厨垃圾产生单位必须配合约定时间，实行“桶等车”的模式，即要求在收

运车到达前 5~10 分钟内，将餐厨垃圾桶推放到收运车能够停放的指定位置与其对接。餐厨垃圾收运人员应穿统一工作服并持证上岗，做到文明操作、规范收运。运输过程严格按照规划路线并符合环卫作业规范，不得遗撒、滴漏，不得污染沿途环境。严禁将餐厨垃圾与其他垃圾混装收运。由于餐厨垃圾的产生、投放、收集、运输、处置实行转移联单制度，因此转移联单在餐厨垃圾收运过程中应随货同行，验单人员应核对联单载明的事项，确保单货相符。

③收运监管。由文旅部门、市场监督管理部门负责当地旅游行业（如酒店、宾馆等）餐厨垃圾产生、投放过程中的检查、监督和考评。城管部门联合市场监督管理、农业农村、公安等部门对餐厨垃圾产生、收运的全过程进行日常检查。

（5）大件垃圾收运

1）车辆要求。大件垃圾收运车需要统一喷涂“大件垃圾专用运输车”字样和大件垃圾标识，同时安装 GPS。在进行收运作业时，收运车应按规定路线行驶，保证密闭运输，不得使大件垃圾掉落，且收运的大件垃圾不得因超长、超宽阻碍交通。

2）收运交付。大件垃圾的收运交付采取预约制，由指定的大件垃圾收运公司按照预约时间上门收取。

3）规范收运。收到大件垃圾收运指令后，收运公司应在 24 小时内到收运集中点进行收运。在收运时应尽量减少对居民生活的影响，除特殊情况外，不得在午休时间或夜间作业。应将大件垃圾收运至指定集散场地，不得将其随意丢弃或堆放。

4）收运监管。建立大件垃圾收运台账，实行三联单（涉及产生者、收运者、接受者三方）管理制度，做到“来源可溯、去向清晰”。建立大件垃圾全链条监管系统，将大件垃圾收集、收运、处置与城市生活垃圾源头减量结合起来。

（6）装修垃圾收运。装修垃圾收运管理参照建筑垃圾收运管理相关规定。

1）车辆要求。装修垃圾收运车需要统一喷涂“装修垃圾专用运输车”字样和相应标识，同时安装 GPS。在进行收运作业时，收运车应按规定路线行驶，保证密闭运输，不得使装修垃圾散落，且运输的装修垃圾不得因超长、超宽阻碍交通。

2）收运交付。装修垃圾收运交付采取预约制，由指定的收运公司按照预约时间上门收取。

3）规范收费。按照“谁产生谁付费，多产生多付费”的原则，推行按袋、按箱、按车、按件计价，实行明码标价的按量收费制度，并开具发票。

4）规范收运。应实现装修垃圾收运的无尘化、密闭化管理。在收运过程中，收运车尽量靠路边停车，避免占道作业；同时应采取相应的抑尘措施，控制扬尘污染。待收运完毕，工作人员应清扫地面，保持场地清洁。

5）收运监管。建立《装修垃圾收运台账》，落实预约超时考核制度，落实收运三联单（涉及产生者、收运者、接受者三方）管理制度，落实收运收费公示制度，做好收运数据统计工作。当地住建部门应定期跟踪检查收运台账、收运响应时长、收运费用、收运质量等情况，确保装修垃圾能及时、快速地被收运。

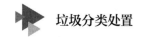

三、垃圾转运

转运站是指为了减少垃圾收运过程的运输费用，在垃圾产地或收运集中点与垃圾处理厂之间建立的运输中转站。转运站可以集中从垃圾产地或收运集中点运来的垃圾，其工作人员将这些垃圾换装到大型车辆或其他运费较低的转运车中转运到垃圾处理厂。

1. 其他垃圾转运

（1）其他垃圾转运站的种类。其他垃圾转运站主要分为地埋式垃圾转运站、分体式垃圾转运站、移动式垃圾转运站等。地埋式垃圾转运站的明显优势是位于地下，能将其他垃圾对环境的污染降至最低，一般采用垂直压缩技术，压缩比更高。分体式垃圾转运站建在地面上，采用水平直压技术，将压缩与储存垃圾的功能分开设计，其上料方式有前翻斗式、侧翻斗式、后翻斗式、平台式等。移动式转运站一般通过移动压缩车进行其他垃圾的转运，其优点是不需要设置专门的环卫站房，也不需要复杂的配套设施，直接收运、压缩后即可转运。

（2）其他垃圾的转运方式

1）预压打包式转运。其他垃圾在转运站被压实、打包，以铁丝捆扎、码垛，最后由转运车运往处理厂。采用这种转运方式要求垃圾含水量低，也就是只能处理袋装垃圾。

2）传送带式转运。当转运车到达转运站后，将其他垃圾卸倒在垃圾地坑中；地坑内装有推板，可以均匀地将其他垃圾推到压缩机内；被压缩的其他垃圾由传送带送至垃圾集装箱；待垃圾集装箱装满后，由半挂车、牵引车将其拉到垃圾处理厂。这种转运方式的缺点是成本高、故障率高，而且露天存放其他垃圾，环境污染问题较严重。

3）开顶直接式转运。即直接在垃圾集装箱的顶部开口，由转运车直接从顶部卸料。小型转运站通常采用这种转运方式，其缺点是没有将其他垃圾压实，运输效益较低，无法容许多辆转运车同时卸料，而且转运过程不密封，环境污染问题较严重。

4）抓斗直装式转运。转运车从转运站的三层向二层倾倒其他垃圾，由推土机将其他垃圾推至转向抓斗附近，再由转向抓斗将其他垃圾抓入垃圾集装箱内。这种转运方式的缺点是二层空间环境极为恶劣，作业效率较低。

5）机碎式转运。其他垃圾到达转运站后，先被机械设备搅碎，再被运至处理厂。这种转运方式成本较高，处理垃圾速度较慢，目前较少采用。

（3）其他垃圾的转运管理要求

1）装卸其他垃圾时，应对其进行规范化检查，及时发现是否混装有害垃圾，防止有害垃圾流转到下一工序。

2）进行装卸、转运作业时，应启动风幕机和除臭降尘设备。

3）转运完毕，应及时做好转运车的冲洗、消毒工作。

4）定时检查转运站的给水和排污管道，防止其破损滴漏，同时避免出现污水池臭气外逸、沉沙井清理不及时、渗滤液收集排放不规范等情况。

5）转运站内需要配置消毒药水、消毒设备等，定时进行清洗、消杀、除臭，确保空气清新。

6）转运站内、外墙面以及地面、进站道路、灯具、门窗和锁、洗手池、水龙头、上下水管等应维护完好。

7）卸载的其他垃圾必须做到日产日清。

8）记录好收运、卸载、转运垃圾情况，做好站内防火、防尘、防臭以及其他安全防护措施。

2. 可回收物转运

可回收物转运站是按照城市行政区域划分建立的再生资源回收集中转运点，属于再生资源绿色分拣中心。它收集来自社区的可回收物和来自再生资源回收网点的再生资源，并将可回收物和再生资源分拣、打包、运输到再生资源处置利用企业。

（1）各垃圾分类管辖区域应合理、规范设置可回收物转运站，用于辖区内未进入再生资源回收利用体系的可回收物的存放、拆解、分选、破碎、清洗、加工、打包和转运。

Tips 小知识

分选是指将混合废弃物按照材质、颜色、尺寸等特性进行自动化分离的过程。从广义上来讲，分选既包括将混合垃圾中的可回收物分离出来的精选过程，也包括将不利于后续处理、不符合处置工艺要求的物质分离出来的除杂过程。分选方法分为机械分选、光电分选、电磁分选等。垃圾分类投放后的可回收物仍是成分复杂的混合物，较难直接进行再生利用，仍需要经过进一步分选。只有经过精细化分选得到的高纯度、单一材质可回收物料，才能被利废企业使用。

（2）可回收物转运站应对废水进行处理，处理后的废水应符合国家标准《污水综合排放标准》（GB 8978—1996）的相关规定，排入市政污水管网集中处理的废水还应符合国家标准《污水排入城镇下水道水质标准》（GB/T 31962—2015）的相关规定。

（3）可回收物转运站应配备集气装置收集废气，经净化处理的废气应根据环境空气质量功能区类别，执行国家标准《大气污染物综合排放标准》（GB 16297—1996）、《恶臭污染物排放标准》（GB 14554—1993）和《挥发性有机物无组织排放控制标准》（GB 37822—2019）相关要求，并应符合地方排放标准要求。

（4）可回收物转运站应配备低噪声设施，并采取屏蔽、隔声等减振降噪处理措施，场界噪声应符合《工业企业厂界环境噪声排放标准》（GB 12348—2008）的规定。

（5）对于在作业过程中产生的危险废物，可回收物转运站应单独收集、贮存，且应符合《危险废物贮存污染控制标准》（GB 18597—2023）的相关规定，最后应交付有资质的企业处理。

（6）可回收物转运站的卫生设计应符合《工业企业设计卫生标准》（GBZ 1—2010）的相关规定，按需配置防尘设施和除尘装置，确保作业人员的健康和安全。作业人员工作时应穿戴劳动保护用品。

（7）可回收物转运站内应合理分区，将不同类别的可回收物分区存放，并配备拆解、破碎、分选、压缩、打包、称重计量设备等。

（8）可回收物转运站应配备必要的消防设施，设置消防通道，落实安全责任制度，消除安全隐患。

（9）可回收物转运站的建设应符合《再生资源绿色分拣中心建设管理规范》（SB/T 10720—2021）的相关要求。

3. 有害垃圾转运

（1）各垃圾分类管辖区域可设置有害垃圾转运站，用于辖区内有害垃圾的中转、存放。

（2）有害垃圾转运站应满足空间封闭、防雨防晒、防渗防漏等基本要求，配备称重计量设备和消防设施。转运站内应合理分区，将有害垃圾按类别分区隔离存放。危险废物的污染控制应符合 GB 18597—2023 的相关规定。

（3）有害垃圾转运站在接收或转出有害垃圾时，应称重计量、登记台账。属于危险废物的有害垃圾的转出应符合《危险废物收集、贮存、运输技术规范》（HJ 2025—2012）的相关规定。

4. 厨余垃圾转运

（1）厨余垃圾一般采用直运模式，若需要在收运过程中对厨余垃圾进行预处理，可设置厨余垃圾转运站。厨余垃圾转运站用于将厨余垃圾分离为适合生物处理的部分和不适合生物处理的部分。

（2）厨余垃圾转运站可单独建设，也可结合其他垃圾转运站统筹建设。

（3）厨余垃圾转运站的规模可以根据分类收集成效（分类收集量、分类准确率等）和转运规模，分阶段或动态确定。

（4）厨余垃圾转运站应配备必要的消防设施，落实消防安全责任制度，并保持良好的通风条件；还应配备甲烷监测报警装置，确保空气中甲烷的体积分数不大于0.5%。

（5）厨余垃圾转运站应规范收取指定来源的厨余垃圾，并记录厨余垃圾的来源、重量以及去处。

（6）装卸厨余垃圾时应进行规范化检查，及时发现厨余垃圾中混装的其他垃圾、有害垃圾、可回收物等。

（7）其他要求可以参考“其他垃圾的转运管理要求”。

四、垃圾处置

1. 其他垃圾处置

（1）接收要求。处理厂应严格按照垃圾处置标准化管理规定接收其他垃圾，若发现其他垃圾不符合收运要求，应要求收运单位改正。对于拒不改正的收运单位，处理厂有权拒绝接收，并向当地县（市、区）城乡生活垃圾监督管理部门报告。

（2）处置工艺和设备设施要求。处理厂应严格按照各项工程技术规范、操作规程和污染控制标准处置其他垃圾，对处置过程中产生的废水、废气、废渣等应进行无害化处理。处理厂应采用节能减排的设备设施，推广能源梯级利用和资源循环利用，全面推行清洁生产，减少残余物。

（3）环保信息披露要求。处理厂应建立健全环境信息公开制度，定期公开垃圾处置设施主要污染物排放数据、环境检测数据等信息，接受环保部门的管理；建立相关台账，记录其他垃圾的来源、种类、数量以及处置情况，定期向所在地县（市、区）城乡生活垃圾监督管理部门报送。

（4）处置流程

1）接收。各类收运车辆经过车辆识别验证门禁系统，过磅称重，由系统自动录入车牌号、重量，然后将垃圾卸入垃圾坑。

2）焚烧。垃圾坑内的其他垃圾由抓斗送入料斗，进入垃圾炉焚烧。在焚烧过程中，焚烧控制系统会控制锅炉的工作状态，确保垃圾在850~1100摄氏度的高温下充分燃烧。注意，严禁其他垃圾不充分燃烧，避免产生二噁英等有害气体。

3）热能回收。其他垃圾焚烧所产生的热能经余热锅炉转化为蒸汽，再由汽轮机、发电机转化为电能，从而完成一系列的能量转换。

4）烟气处理。其他垃圾焚烧后产生的烟气由袋式除尘器收集，经烟气处理系统净化，其中的氯化氢、二氧化硫等酸性气体被有效去除，符合环保标准的剩余烟气则通过烟囱排入大气。

5）炉渣处理。从焚烧炉排出的灰渣体积一般占其他垃圾原体积的20%左右，灰渣经过磁性分选机，其中的含铁物质被分选出来，剩余的灰渣则被送入灰渣储坑，最后被运出处理厂。灰渣是一种密实、不腐败的无菌物质，可作为铺路材料使用。

6）飞灰处理。飞灰按危险废物管理，必须单独收集，不得与其他危险废物混合。目前，焚烧其他垃圾得到的飞灰主要先利用固定化技术或稳定化技术进行处理，再运至危险废物填埋场进行填埋。飞灰处理后应满足《生活垃圾填埋场污染物控制标准》（GB 16889—2008）的相关要求。

7）渗透液处理。按相关标准要求进行渗滤液处置，避免废水对环境造成污染和破坏。

（5）处置监管。城管部门、环保部门负责对垃圾焚烧发电厂、飞灰处理厂、炉渣综合利用厂、渗滤液处理厂的日常处置作业进行监管，确保焚烧质量达标、填埋安全及各类污染物排放达标。

2. 厨余垃圾处置

厨余垃圾处置分为预处理、处理两大流程。预处理流程能将厨余垃圾中混杂的不可降解物去除，并对厨余垃圾进行破碎、分选、磁选、油脂分离等。处理流程主要分为厌氧发酵处理、好氧发酵处理、生物转化处理、饲料化处理和堆肥处理五种。厌氧发酵处理与好氧发酵处理是目前厨余垃圾处理行业的主流技术，其中厌氧发酵处理在我国的应用占据绝对优势。与厌氧发酵处理相比，好氧发酵处理具有单个项目占地面积小、投资规模小、选址相对灵活等优势。目前，我国对生物转化处理、饲料化处理和堆肥处理的应用也在积极探索之中。

（1）厌氧发酵处理。厌氧发酵处理是指通过厌氧发酵产生沼气、沼渣、沼液。沼气经过净化装置的处理后进入沼气发电机，可进行发电。沼渣经过脱水处理后进行堆肥，最终可用作有机肥基质或市政绿化肥料。沼液先是输送至厂内污水处理装置进行处理，再输送至渗滤液处理装置进行深度处理。在厌氧发酵处理过程中提炼出来的油能制成生物柴油。通过一系列的工艺处理，90% 的厨余垃圾能变废为宝。在农村，通常按照资源化利用要求，采用生化处置技术等将易腐的厨余垃圾就地处置，直接还田、堆肥或生产沼气。

（2）好氧发酵处理。好氧发酵处理主要基于堆肥原理，即通过微生物自身的生命活动，将有机垃圾氧化为简单的无机物，同时为微生物生长提供能量。好氧发酵的处理结果是将厨余垃圾转化为稳定化程度较高的腐殖质，从而实现厨余垃圾的无害化与减量化。

（3）生物转化处理。生物转化处理通过昆虫的生物作用转化厨余垃圾，可以保持其蛋白质本质，避免饲料化处理的同源污染效应弊端，可消除安全隐患。生物转化处理常用黑水虻、蝇蛆、蟑螂等昆虫作为媒介，将繁殖的昆虫幼虫烘干后，可提取昆虫蛋白、昆虫油脂等，真正实现了厨余垃圾的零排放。

（4）饲料化处理。饲料化处理主要利用厨余垃圾中大量的有机物。在将厨余垃圾进行粉碎、脱水、发酵、软硬分离之后，厨余垃圾就转变成高热量的动物饲料。

（5）堆肥处理。堆肥是一种常见的厨余垃圾资源化处置方式，其原理如下：在可控条件下，利用微生物的降解作用，实现对厨余垃圾的分解、转化，生成水、腐殖质以及 CO_2 等气体。根据堆制方式的不同，堆肥工艺可分为场地堆积式堆肥和密闭装置式堆肥。堆肥处理具有局限性，表现为以下两点：一是厨余垃圾分类纯度不高，二次分离成本过高；二是产品推广适宜性不高，经济效益较差。

国家鼓励利用厨余垃圾生产工业油脂、生物柴油、饲料添加剂、土壤调理剂、沼气等，或与秸秆、粪便、污泥等联合处置。国家严厉打击和防范食品生产加工领域使用由厨余垃圾生产的地沟油，严禁将未经无害化处理的厨余垃圾直接用作肥料、饲料。利用厨余垃圾生产的有机肥产品质量应符合行业标准《有机肥料》（NY/T 525—2021）的相关规定。

3. 可回收物处置

（1）废旧金属。下面以废钢为例进行介绍，废钢的处置方法因材质和形状不同而不同。对于易碎和形状不规则的大块废钢，可用重锤将其击碎；对于特厚、特长的大型废钢，可用火焰切割器将其切割成尺寸合格的小块物料；对于更大的废钢块料，可采用爆破法爆碎；对于较厚的废钢板和型钢、条钢，可采用剪切机进行剪切；对于薄板边角料、废钢丝、废汽车壳体等轻料，可用打包机将其压缩成块体后用作炼钢原料；对于切削产生的废钢屑，经除油后可用压块机压块；对于混有其他金属的废钢料，可经破碎、磁选、分离等工序，将各类金属分别打包后出售给就近的钢厂、铁厂、铜厂、

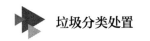

铝厂等作为原料，进行二次加工。

（2）废塑料。废塑料的处置可以从回收利用的角度进行介绍。国际上一般将废塑料的回收利用分为四级：第一、二级为材料再生，即物理回收；第三级为制取化学品或油品，即化学回收；第四级为焚烧，即能量回收。物理回收不改变废塑料的化学组成，废塑料经分拣、破碎、熔融加工形成再生塑料颗粒，可作为原料由塑料再生企业加工成各种不同的再生塑料制品，这种回收方式广泛用于单一材质的热塑性废塑料的回收利用。化学回收利用裂解技术等将废塑料降解为可再次使用的燃料（如汽油、柴油等）或化工原料（如乙烯、丙烯等）。能量回收主要适用于物理回收和化学回收无法利用的污染严重的废塑料，是指通过焚烧产生高温气体用于发电。

常见塑料回收后的用途见表3-5。

表3-5　常见塑料回收后的用途

名称		回收后的用途
PET	聚对苯二甲酸乙二酯	回收加工后可制成涤纶材料
HDPE	高密度聚乙烯	回收加工后可制成薄膜、片材和瓶、罐、桶等中空容器，以及其他注塑和吹塑制品、管材、线缆的绝缘皮和护套等
PVC	聚氯乙烯	回收加工后可制成包装袋、雨衣、桌布、管材、扣板、鞋底、门窗、节能材料等
LDPE	低密度聚乙烯	回收加工后主要用于制作薄膜、注塑制品、包装材料、垃圾袋、清洗剂容器、饮料瓶等
PP	聚丙烯	回收加工后制成聚丙烯再生原料，用在机械、汽车、电子电器、建筑、纺织、包装等领域
PS	聚苯乙烯	回收加工后可制成吸塑包装、工业注塑配件、电器塑料外壳等
PC	聚碳酸酯	回收加工后用在建筑、汽车、医药、基建、船舶、航天航空等领域
PA	聚酰胺	回收加工后用于制作机器齿轮、网袋绳、扎带等

废塑料的回收利用方式是有优先级的。根据实际情况，一般按直接再生、改性再生（包括物理改性再生、化学改性再生）、能量回收的优先级次序对废塑料进行回收利用。直接再生是指将废塑料回收后直接分拣、清洗、粉碎、塑化造粒、压制成型，这种方式工序简单、技术成熟、推广效果好。改性再生主要包括塑料合金化、填充改性、交联改性等方法，其中，填充改性是指在再生塑料熔融加工过程中加入增强剂、增韧剂、兼容剂、发泡剂、矿质材料、填料等多种助剂进行改性再生，实现增强增韧等性能上的改进，生产出高性能制品。对于最终无法材料化回收利用的废塑料，则一般采

用焚烧发电等方式实现能量回收。"焚烧前分选"已得到普遍认可并被大量实践，在2022年9月欧盟议会批准的可再生能源指令修订案中，规定混合生活垃圾或其他垃圾在焚烧发电前必须经过高质量的分选，以尽量将化石基材料（如塑料）分离出来用于循环利用。

（3）废纸。废纸的回收主要经过粉碎、脱墨、净化、熔浆、再造等工序。当废纸中含有油墨等杂质时，将影响脱墨纸浆的质量，因而废纸中的杂质决定了纸浆的用途。

纸基复合包装通常由专业的再生资源利用公司进行纸塑分离、纸铝分离，在生产出再生纸浆、再生塑料、再生铝锭后发往专业工厂进行再加工。

（4）废橡胶。废橡胶回收后通常发往橡胶厂，先经过分拣除去非橡胶成分，再经过清洗、切割、粉碎或研磨形成胶粒或胶粉，最后通过脱硫技术制成再生橡胶。

（5）废玻璃。在将废玻璃回收后，应先对其进行清洗，再按需进行破碎，然后通过分离机剔除废玻璃中掺杂的金属、陶瓷和石头等，最后进行颜色分选，即将不同颜色的废玻璃分开堆放。

玻璃虽然是低值可回收物，但是一个玻璃瓶可以重复使用40~60次，从而减少对玻璃原料的挖掘，减少二氧化碳排放量和水土流失。回收一个玻璃瓶所节省的能源可以持续点亮一个100瓦的灯泡4小时。

废玻璃的三种处置方法具体如下：一是回收用作重新生成玻璃的原料；二是回收用作二次制品的原料，如作为建筑面砖、玻璃沥青、混凝土骨料、人造大理石、泡沫玻璃、玻璃棉等的原料进行使用；三是填埋以保持环境清洁。从保护资源的角度考虑，第一种处置方法最佳，也是废玻璃回收利用的主要方法。当废玻璃因为存在被污染、不便运输、回收成本高等问题而难以处理的时候，则采用第三种处置方法。

（6）废旧织物。在将可再生利用的废旧织物回收、分类后，应先对其进行预洗、热/冷漂洗、干燥、消毒等预处理，再将其送至利废机构进行再利用。废旧织物的再利用途径包括捐赠、出口、物理利用、再造纤维化、工业材料制造等。

2022年3月，国家发展改革委、商务部、工业和信息化部联合印发《关于加快推进废旧纺织品循环利用的实施意见》，清晰地描绘了废旧纺织品资源化、高值化利用的发展路径：一是推动废旧纺织品再生利用产品高值化发展，支持废旧纺织品利用企业研发、生产高附加值产品；二是推动废旧纺织品再生产品在建筑材料、汽车内外饰、农业、环境治理等领域的应用，鼓励对不能再生利用的废旧纺织品开展燃料化规范利用；三是实施制式服装重点突破，选择重点领域和重点区域，组织有能力的企业开展废旧制式服装循环利用试点，优化集中循环利用技术路径和市场化机制，提高统一着装部门、行业制服工装、校服的循环利用率。

（7）废弃电器电子产品。废弃电器电子产品的处置是指将废弃电器电子产品进行拆解，从中提取某些物质作为原材料或者燃料，用改变废弃电器电子产品物理、化学特性的方法减少已产生的废弃电器电子产品数量，减少或者去除其危害成分，以及将其最终置于符合环境保护要求的填埋场地的活动，但不包括产品维修、翻新以及经维修、翻新后作为旧货再使用的活动。

1）回收处置管理规定。国家对废弃电器电子产品处置实行资格许可制度。设区的市级人民政府环保部门审批废弃电器电子产品处置企业的资格。回收的废弃电器电子产品应当由有废弃电器电子产品处置资格的企业来处置。废弃电器电子产品成分复杂，其中半数以上的材料对人体有害，有一些甚至具有剧毒。例如，电视机、冰箱、手机等电器电子产品都含有铅、铬、汞等重金属；激光打印机和复印机含有碳粉等。因此，废弃电器电子产品的回收和处置涉及严格的法律和环保要求，国家严禁非法拆解。

2）回收再利用方向。废弃电器电子产品含有许多有色金属、黑色金属、塑料、橡胶、玻璃等再生资源，可从中回收再生资源。例如：电视机和显示器中的显像管含有玻璃和铜，可分别进行玻璃和铜的回收；空调、制冷器具中的蒸发器、冷凝器含有高精度的铝和铜，可分别进行铝和铜的回收；计算机板卡上的“金手指”和 CPU 管脚上的金属涂层可通过特种设备进行金的回收；硬盘上的优质铝合金也可回收。

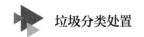

4. 有害垃圾处置

有害垃圾的无害化处置方法包括焚烧法、固化法、化学法、生物法等。例如，废灯管经过破碎后，碎片中的汞经过高温蒸发、冷凝就可以回收利用；废旧荧光粉经化学处理后，可形成新的荧光粉，用于制造荧光灯；废电池按其性质，采用破碎、蒸发、干燥等物理化学方法处理，其内部的贵金属等成分可被提取出来；废药品因为没有利用价值，一般经过高温蒸煮、粉碎后填埋，或直接进行焚烧处理；较为干净的废油漆桶经过专业清洗后，可返回到原单位再利用或用作复合固体粉末材料的包装。

从事收集、贮存、利用、处置危险废物的单位，应当按照国家有关规定取得许可证，禁止无许可证或者未按照许可证规定从事危险废物收集、贮存、利用、处置的经营活动。

Tips 小知识

有害垃圾与危险废物相关知识

有害垃圾是指含有对人体健康有害的重金属、有毒物质或者对环境造成现实危害或者潜在危害的废弃物。

危险废物具有腐蚀性、毒性、易燃性、反应性、浸出毒性等一种或者几种危险特性，会破坏生态环境。随意排放、贮存的危险废物在雨水、地下水的长期渗透、扩散作用下，会污染水体和土壤，降低地区的环境功能等级，影响人类健康。危险废物被人或动物摄入、吸入、皮肤吸收、眼接触会引起毒害，还会在某些条件下引起燃烧、爆炸等危险性事件。危险废物的长期危害包括重复接触导致的长期中毒、致癌、致畸、致变等。根据《中华人民共和国固体废物污染防治法》的规定，各类危险废物列入《国家危险废物名录（2021 年版）》管理。危险废物的收集、贮存、利用、处置等经营活动必须严格按照国家要求开展，但在《国家危险废物名录（2021 年版）》附录《危险废物豁免管理清单》中列出的废物，在所列的豁免环节，且满足相应的豁免条件时，可按照豁免内容的规定实行豁免管理。

5. 大件垃圾处置

大件垃圾通过不同的回收渠道汇聚到后端处理厂被拆卸、处理，可分拣出金、银、铜、铁、铝、锡以及木材、塑料、织物等不同价值的原料物质，各类原料物质经过适当加工后，可出售给不同的厂家作为再生原料使用。对于拆解后不具有再生利用价值的残渣，可纳入生活垃圾处理终端进行无害化处置。

部分大件垃圾经过维修、装饰后，也可以作为旧品再次使用，即其价值得到回归。

6. 装修垃圾处置

装修垃圾属于建筑垃圾，其中含有可直接再生利用的物质，如金属、木材和塑料，可通过分选、归类将其分别供给相应的回收企业进行处置、再利用。例如，对于大块废混凝土、废砖、废大理石等物质，可先用大型破锤或破碎机将其破碎至粉碎机所能粉碎的尺寸（一般小于 100 毫米），再用粉碎机进行粉碎，然后用多层分级筛分为符合建筑使用标准的粗、细石子和粗、细沙子，以及泥沙等再生材料。

五、构建再生资源回收体系的意义

目前，我国一些主要资源对外依存度较高，供需矛盾突出。第 ，国际资源供应的不确定性、不稳定性增大，对我国资源安全造成重大挑战。第二，我国资源、能源利用效率不高，大生产、大消耗、大排放的生产生活方式尚未根本性扭转，资源安全面临较大压力。第三，我国重点行业资源产出效率不高，再生资源回收利用规范化水平较低，回收设施缺乏用地保障，低值可回收物回收利用难，大宗固废面临产生强度高、利用不充分、综合利用产品附加值低等突出问题。第四，我国单位 GDP（国内生产总值）能源消耗、用水量仍大幅高于世界平均水平，铜、铝、铅等大宗金属再生利用仍以中低端资源化利用为主。第五，稀有金属分选的精度和深度不够，循环再利用质量与成本难以满足战略性新兴产业关键材料要求，亟须提升高质量循环利用能力。因此，发展循环经济、提高资源利用效率和再生资源利用水平的需求迫在眉睫，构建再生资源回收体系意义重大。

学习单元 5

不同场景垃圾分类管理

一、公共机构

公共机构是指全部或者部分使用财政资金的国家机关、事业单位和社会团体。公共机构率先实施垃圾分类，可以提前发现问题、总结经验，及时优化政策，增加决策的科学性、实用性，为垃圾分类全面落地减少阻力，同时起到带头模范作用和示范引导作用。

1. 实施要求

（1）确定管理部门。确定本单位垃圾分类管理部门，明确垃圾分类负责人以及日常管理员、督导员。

（2）建立管理机制。建立垃圾分类管理机制、垃圾分类目标考核机制，将垃圾分类目标考核结果与单位文明建设挂钩。

（3）开展宣教活动。组织开展垃圾分类活动，在适宜位置设置垃圾分类提示牌，在办公楼内设置宣传栏，组织开展“绿色办公”、创建节约型单位等活动，落实限制商品的过度包装，落实限制部分一次性塑料制品的使用，倡导践行“光盘行动”。

（4）落实定时收运工作。与辖区收运企业签订分类回收协议，定时收运，建立收运相关台账。

2. 设施设置

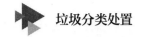

各办公室可设置一个其他垃圾、可回收物的双拼垃圾桶。

每层楼可设置一个其他垃圾桶和一个可回收垃圾桶，开水间可设置一个带过滤设施的茶叶渣收集容器。

设有食堂的单位产生的餐厨垃圾需要用密闭容器统一收集至指定的餐厨垃圾收运集中点，交由具有餐厨垃圾回收资质的企业收运，严禁违法处置如私自排入雨污排水管。

可在单位院内设置一处生活垃圾分类投放收集点，以及一处再生资源集中存放点。

3. 特别要求

各办公室的废弃档案应做好脱密管理后整齐堆放，每周统一送至再生资源集中存放点，由单位统一处置。

二、沿街商业网点

沿街商业网点因商铺经营性质复杂、营业时间不一、经营内容不一，对垃圾收集容器的设置也往往不同。商铺可根据自身的经营性质、经营内容、每天垃圾产生量，将其他垃圾、厨余垃圾分别装袋或装桶，并按要求定时、定点投放至收运车中。

1. 建立沿街商铺分类垃圾收运体系。根据每个片区、每条街巷具体情况及与转运站的距离，制定合适的收运路线，安排小型收集车、双桶快保车分时段进行定点收运。

2. 沿街商铺网点按照垃圾分类管理要求将垃圾分类装好，根据收运时间，定时交投至沿街收运的小型收集车、双桶快保车。

3. 小型收集车、双桶快保车按照收运路线和收运时间，定时、定点到达沿街商铺，播放垃圾分类宣传语音或摇铃提醒沿街商铺工作人员投放垃圾。

4. 禁止沿街商铺随意倾倒、乱扔垃圾。

5. 在各片区设立专职的垃圾分类督导员。对于未按要求做好垃圾分类工作、乱扔垃圾的商铺，垃圾分类督导员应加强劝导教育；对于屡教不改的商铺，垃圾分类督导员应上报城管部门，由城管部门予以处罚。

三、商圈综合体

商圈综合体内每个商户都需要设置厨余垃圾桶和其他垃圾桶，其数量、大小由商户自行确定，各分类垃圾桶的标识应规范、清晰，与国家相关标准相符。

在每层楼道口或电梯口设立一处可回收物、其他垃圾的分类垃圾桶。

餐饮商铺产生的餐厨垃圾需要用密闭容器统一收集至商圈综合体内指定的餐厨垃圾收集点，严禁违法处置如私自排入雨污排水管。

商圈综合体应至少设置一处生活垃圾分类投放收集点，并在适当位置设立一处大件垃圾集中暂存点。

商圈综合体的管理单位可经常性举办以垃圾分类为主题的公益活动，通过 LED 屏幕及其他宣传媒介进行垃圾分类相关知识的宣传。

商圈综合体内所有商户都需要签订垃圾分类责任状。对于没有将垃圾分类落实到位的商户，应责令其整改；对于拒不整改或态度恶劣的商户，应取消其经营资格，并上报当地城管部门。

四、超市和农贸市场

超市和农贸市场的厨余垃圾量大且集中，因此，其垃圾分类重点与其他场所不同，在设置垃圾收集容器时应侧重厨余垃圾，可根据蔬菜瓜果、腐肉内脏等不同种类分别设置垃圾收集容器。

每个铺位都需要设立厨余垃圾和其他垃圾两分类垃圾桶一组，可根据铺位的销售货品调整垃圾桶容量。

每个超市或农贸市场应设置一处生活垃圾分类投放收集点，以及一处有害垃圾集中暂存点和一处可回收物集中暂存点。

超市和农贸市场的管理单位应组织宣传垃圾分类，并与所有商铺签订垃圾分类责任状。对于没有将垃圾分类落实到位的商户，管理单位应通知其整改；对于多次拒不整改或不参与垃圾分类的商户，管理单位应取消其经营资格。

五、写字楼

写字楼主要产生大量的废办公用品和一次性外卖餐盒、包装盒。写字楼人员多，产生的垃圾量大，需要设置一处生活垃圾分类投放收集点，有条件的可建立垃圾屋（亭），按照垃圾分类工作要求定点投放。

写字楼内各单位需要设置厨余垃圾和其他垃圾的分类垃圾桶，其数量、大小由单位自行选择，但垃圾桶的标识应规范、清晰，符合国家相关标准。

写字楼每层楼道口或电梯口应设置一处可回收物和其他垃圾的分类垃圾桶。

写字楼管理单位应对接属地的垃圾清运公司，严格执行厨余垃圾、其他垃圾的分类收运规定。

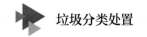

写字楼管理单位应在适当位置至少设置一处大件垃圾收集点。大件垃圾应由写字楼管理单位联系大件垃圾收运企业统一收运。

办公建筑（包括写字楼、商务中心、各类产业园等）原则上每3万平方米建筑面积设置一处生活垃圾分类投放收集点，不同产权主体的单体建筑可单独设置。如果写字楼规模较小，可与周边200米范围内的开放式生活垃圾分类投放收集点共享。

写字楼内应设立一处有害垃圾收集点，其地面硬化应符合要求，且配备严密的防渗措施（防止有毒有害物质泄漏后污染周边土壤或流入城市雨污排水系统）。有害垃圾应存放在密闭容器中（如完好的有害垃圾桶中）。对于易燃易爆的有害垃圾（如废电池、废油漆等），应用防爆防火材料封闭暂存，当达到一定存放量后，可运往属地街道的有害垃圾暂存点，由有资质的危险废物收运企业定期收运。

对于写字楼内所有的LED屏幕及其他明显的电子滚动宣传媒介，建议在1/5及以上的播放时间里进行垃圾分类知识的宣传。

写字楼管理单位应定期举办以垃圾分类为主题的公益活动。

写字楼内所有单位都需要签订垃圾分类责任状。对于没有将垃圾分类工作落实到位的单位，写字楼管理单位应责令其整改；对于拒不整改或态度恶劣的单位，写字楼管理单位应上报属地城管部门。

六、学校

各类学校（大专院校、中小学、幼儿园、托儿所以及培训基地等）师生人数约1 000人的应设置一处生活垃圾分类投放收集点。若学校规模较小、人数不足，则可单独建立生活垃圾分类投放收集点，也可与其他单位、生活社区合建。

办公室、实验室、图书馆、体育馆等场所应设置可回收物、其他垃圾的收集容器。

每个宿舍区应至少设置一组厨余垃圾、有害垃圾、可回收物、其他垃圾的四分类垃圾桶。每个宿舍内应设置可回收物、其他垃圾的收集容器。

每栋教学楼应设置一个垃圾分类宣传栏和一组四分类垃圾桶。教学楼每层均应设置可回收物和其他垃圾的二分类垃圾桶。对于特殊场所如理化生实验室等，可视情况增设有害垃圾桶。

食堂应设置厨余垃圾和其他垃圾的二分类垃圾桶，其中厨余垃圾桶数量应按需调整。

露天场所可按需设置可回收物、其他垃圾的二分类垃圾桶。

如果学校内要举行大型户外活动，相关部门需要提前向后勤服务公司递交申请，根据活动人数临时设立其他垃圾、可回收物的收集容器。

学校应做好垃圾分类的宣传工作，具体要求如下：一是利用标语牌、广播站、宣传栏等进行多方位宣传；二是开设垃圾分类德育课，讲授垃圾分类基本常识，开展主题班会、课后实践活动、环保知识竞赛等，将垃圾分类意识贯穿于整个教育教学过程中；三是组织家校联动、开展小手拉大手活动，形成全社会联动进行垃圾分类的大环境。

七、医疗单位

医疗单位的垃圾分为两大部分——生活垃圾和医疗垃圾。

1. 按照医护人员每 500 人左右或住院床位每 200 张左右设置一处生活垃圾分类投放收集点。若医疗单位规模较小、人数不足，可与其他单位、生活社区合建生活垃圾分类投放收集点。

2. 诊室和病房需要设置医疗垃圾专用桶和其他垃圾桶，做到医疗垃圾和其他垃圾分类收集。每层茶水间应设置一处厨余垃圾桶。

3. 严格按照医疗垃圾和生活垃圾分别收运，不得混装混运。

4. 应对医疗可回收物进行严格的分拣把关，将其定向交付给专业的回收单位。

八、乡村

乡村生活垃圾主要采用“户集、村收、镇运、县处”模式。其中，户集的主要对象是“本地生产、就地消化”的厨余垃圾和建筑灰土，以及可以卖钱的可回收物，而需要外运的是有害垃圾和少量其他垃圾。

1. 设施配置

（1）按照每 120~150 户配置一处生活垃圾分类投放收集点，或按照村庄住宅分布疏密程度、投放方便性设置厨余垃圾、其他垃圾的二分类垃圾桶，并指定专人进行拖运、收集。

（2）家庭原则上配置厨余垃圾、其他垃圾的收集容器，每天定点投放。

2. 垃圾处置

乡村生活垃圾可按“城里来”的，还是“村里产”的进行区别处置。“村里产”的就地消化处理，“城里来”的外运处理。

（1）就地消化处理的垃圾

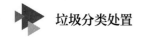

1）厨余垃圾。厨余垃圾是指农户家庭中产生的，可以在短期内自行消化、降解的有机垃圾。处置方法包括堆肥、厌氧产沼气等。

2）建筑灰土。建筑灰土是指燃煤取暖、清扫庭院或道路、翻建房屋等过程中产生的煤灰、灰土、砖瓦石块等无机垃圾。

（2）外运处理的垃圾

1）可回收物。可回收物是指具有一定经济价值的垃圾，如纸板、废报纸、废书、废金属、废塑料、废弃电器电子产品等。乡村推行农药包装废弃物强制回收政策，同时要求农膜回收率达到 85%，地膜残留量实现零增长。

Tips 小知识

农膜应用于农林牧渔等领域，种类繁多，包括棚膜、地膜、遮阳网、遮阴网、风障、编织网等。地膜仅指覆盖土壤表面，起到增温护根、防冻、保墒、调节光照、节水、除草以及控制土壤盐碱度的作用的塑料膜。

2）有害垃圾。有害垃圾包括农药瓶、过期药品、灯管灯具、废弃电池等。

3）其他垃圾。其他垃圾是指除上述几类以外的生活垃圾，一般是难以再次利用或被污染的纸张、塑料、织物等。

九、两网融合收集点

两网融合收集是指，环卫体系的可回收物收集、收运部分与商务局、供销社的再生资源回收、运输体系，在单位、生活社区相融合。两网融合后所形成的收集点就是两网融合收集点。

1. 配置要求

（1）场地要求。两网融合收集点可以与生活垃圾分类投放收集点共建，也可就近另设一处。

（2）人员要求。工作人员除具备垃圾分类的专业技能外，还应具备再生资源回收的专业技能。

（3）设施配置要求。设施配置齐全，包括分类回收货架、收纳容器、计量衡器、票据打印机等。

2. 管理要求

（1）根据国家固体废物回收管理相关规定，诚信守规做好员工或居民的再生资源回收工作。

（2）保持回收场地环境卫生，确保站点干净、整洁、无异味、无蝇鼠。

（3）回收作业时间表、回收价格表、回收管理条例、上门回收联系电话等信息上墙。

（4）做好日常固体废物回收工作，每天校正计量衡器，不缺斤短两，诚信经营。

（5）纸类应尽量叠放整齐，避免揉成团；纸板也应拆开叠放。

（6）牛奶盒等纸基复合包装盒应折叠、压扁。

（7）瓶罐类物品中的物质应用尽或倒尽，且清理干净。

（8）玻璃类物品应小心轻放，以免破损，一般用袋或容器装好。

（9）织物类物品应打包整齐后定期投放到旧织物回收箱或其他指定地点。

（10）在上门回收过程中，若需要工作人员进行高处作业，该工作人员应持有高处作业特种作业操作证。回收空调的工作人员应掌握收氟技能，确保作业安全。

（11）不得非法拆解回收的废弃电器电子产品。

（12）若回收的产品载有涉密信息，应按照相应的法律法规或者标准要求，进行定向回收和专业处理。

（13）将回收产品分类储存在相应标识的容器中，做到码放有序、堆存合理，避免引发坍塌、失火等安全事故。

（14）做好周边流动回收员的废品回收、交运工作。

（15）协助垃圾分类督导员做好可回收物桶的分类、登记和交运等工作。

（16）制订社区垃圾减量率、资源化率提升计划，做好减量化、资源化宣传，落实所辖区域范围内垃圾分类减量率、资源化率指标。

（17）建立各类回收台账，记录废品回收、爱心（赠送）回收、可回收物桶回收的情况，记录货品来源、种类、净重、流向等信息。严禁私自处理居民的捐赠物。

（18）做好收运交接工作，确保两网融合收集点日产日清。

3. 回收流程

（1）清扫两网融合收集点场地。

（2）按序摆好可回收物收集容器。通常轻的可回收物收集容器摆在收纳架上层，重的可回收物收集容器摆在收纳架下层，量多的可回收物收集容器摆在显眼易投的位置。

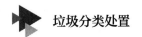

（3）打开计量衡器电源，校准计量精度。

（4）打开票据打印机进行测试，确认打印纸存量，若不足应提早补充。

（5）当居民提交准备售卖的可回收物时，按表 3–6 中的处置流程操作。

表 3–6　可回收物的处置流程

流程名称	说明
一分	将可回收物分门别类归集
二查	分类检查可回收物，及时发现问题
三清	清理瓶、盒、罐以及纸基复合包装内的残物、残液，剔除盖子、撕掉标签；剔除污损严重的废旧织物
四压	将金属罐、纸基复合包装等踩扁、压实
五整	对清理过的可回收物进行整理，包括折好、压平、整形、捆牢等
六称	将各类可回收物依次称重
七报	依次口报可回收物的品类、重量；单个可回收物如冰箱、电视机、计算机、洗衣机、空调等，按照不同类型、尺寸大小按件报价
八打	打印回收凭证，请居民核对，若居民有异议，则重新过秤
九付	请居民扫码收钱，系统自动付款
十核	请居民核对
十一谢	向居民道谢，欢迎居民下次再来
十二纳	将可回收物依次收纳到相应的收集容器

相关链接

海洋垃圾及其处置

1. 海洋垃圾的定义

海洋倾废是指利用船舶、航空器、平台及其他载运工具，在海洋中处置废弃物和其他物质的行为。海洋垃圾包括海底垃圾、海漂垃圾、海滩垃圾。海底垃圾主要有玻璃瓶、饮料罐、废渔网等。海漂垃圾主要有塑料袋、塑料瓶、泡沫碎片、浮标、废木料、废渔具等。海滩垃圾是指滩岸边沉积的塑料袋、塑料瓶、泡沫碎片、废木料、废纸、废织物等，其主要来源是随着潮汐冲刷上岸的海漂垃圾，次要来源是岸边渔业生产活动、港口、旅游景点产生的废弃物以及通过江河溪流漂流而来的陆源垃圾。美国科学促进会在 2017 年的圣何塞年度会议上公布，全球每年流入海洋的塑料垃圾达到 800 万吨。

2. 海洋垃圾的危害

海洋垃圾具有如下危害：一是海洋垃圾会威胁海洋生物的生命健康，绿色和平组织发现，至少 267 种海洋生物因误食海洋垃圾或者被海洋垃圾缠住而备受折磨并最终死亡；二是部分海洋垃圾如废渔网会缠绕在船只螺旋桨上，引发事故，威胁航行安全，甚至给航运造成重大损失；三是海洋垃圾会破坏海水水质，破坏海洋生态，直接影响海洋渔业经济的发展；四是海洋垃圾可通过生物链危害人类，如重金属和有毒化学物质被鱼类食入后在其体内富集，人类吃了这些鱼类往往自身健康受损。

3. 海洋垃圾的主管部门

在我国，海洋垃圾的主管部门是国家海洋局及其派出机构。海洋垃圾治理的责任主体包括：沿海县级以上地方人民政府行使海洋环境监督管理权的部门；一切从事航行、勘探、开发、生产、旅游、科学研究及其他活动，或者在沿海陆域内从事影响海洋环境活动的单位和个人。责任主体应本着“岸上管、流域拦、海面清”的原则，制定完善的垃圾分类管理实施细则，落实“海上、岸线三包”制度，开展海洋垃圾分类储存、分类收集、分类收运、分类处置的工作，实现岸滩和近岸海域无明显垃圾，打造良好的海洋生态环境。

国务院环境保护行政主管部门作为对全国环境保护工作统一监督管理的部门，对全国海洋环境保护工作实施指导、协调和监督，并负责全国防治陆源污染物和海岸工程建设项目对海洋造成的污染损害的环境保护工作。

国家海洋行政主管部门负责海洋环境的监督管理，组织海洋环境的调查、监测、评价和科学研究，并负责全国防治海洋工程建设项目和海洋倾废对海洋造成的污染损害的环境保护工作。

国家海事行政主管部门负责所辖港区水域内非军事船舶和水域外非渔业、非军事船舶污染海洋环境的监督管理，并负责污染事故的调查处理；对在中华人民共和国管辖海域航行、停泊和作业的外国籍船舶造成的污染事故登轮检查处理。船舶污染事故给渔业造成损害的，国家渔业行政主管部门应参与调查处理。

国家渔业行政主管部门负责渔港水域内非军事船舶和水域外渔业船舶污染海洋环境的监督管理，负责保护渔业水域生态环境工作，并负责调查处理上述规定的污染事故以外的渔业污染事故。

4. 海洋垃圾的处置管理

（1）落实海洋垃圾分类管理，确保垃圾不落海。所有船、舰、轮、作业平台、码头港口应根据乘员人数以及垃圾产生量，按照厨余垃圾、其他垃圾、有害垃圾配足收集容器，严格落实垃圾分类要求，做到垃圾分类投放。严禁将垃圾投掷海里，做到垃圾不落海。严格执行垃圾集中收集、集中转运制度，各类船、舰、轮、作业平台每次靠岸后，应及时将分类垃圾打包装袋投放或交运地面垃圾分类收运管道，做到与地面垃圾分类收运管道无缝衔接。把海上作业平台，尤其是渔业养殖平台作为海洋垃圾治理的重点，淘汰木质渔排、泡沫塑料浮球、塑料瓶等传统养殖设施，将其改造升级为环保塑料新型小网箱和浮球等，严格落实渔业生产性、生活性垃圾分类管理措施，防止废弃物落海，推进渔业垃圾减量化。

（2）严格控制陆源垃圾入海，减少海洋垃圾污染。完善海湾沿岸和陆源河流两岸乡镇垃圾收运设施，从源头减少陆源垃圾入河入海，实现陆海垃圾分类治理统筹管理。完善河湖长制度，加强河道巡查管护，及时打捞拦截河湖漂浮垃圾，严格控制各区边界流域断面垃圾，建立流域段责任制，防止上游垃圾向下游漂移，实现河海联动管理。建立河流、沟渠的闸坝口、入海口等处漂浮垃圾监测预警监管以及处置机制，把好最后一关，防止陆源垃圾入海。

（3）建立海滩海岸垃圾清理机制。因地制宜组建各岸线区域垃圾清理队伍，采用机械和人力相结合的方式，落实巡逻清扫制度，实现海漂垃圾打捞清扫全覆盖、无死角。海岸垃圾清理范围应覆盖高潮位和低潮位之间的沿海海面和沙滩，并与陆地无缝衔接；根据潮汐、台风和垃圾漂流规律，在水产养殖集中区、潮汐环流区、湾区、澳内等垃圾易堆积的重点区域，实行海漂垃圾打捞定时、定点、定人、定标，确保海滩清洁。每周至少对整个海岸段和沿海水域进行一次全覆盖的常态化打捞、清理，对于因台风和潮汐造成的垃圾堆积应及时进行重点打捞、清理。

测试题

一、填空题（请将正确答案填在括号内）

1. 垃圾分类投放环节主要是对人的投放行为进行（　　）管理，确保源头分类正确和减少垃圾产生量。

2. 国家把垃圾分类收运列入（　　）序列，对收运企业采用准入制管理。

3. 在突发公共卫生事件受控地区，应落实源头点位消毒，实施（　　）的专项清运，尽量减少中间转运环节，避免交叉污染。

4. 垃圾分类督导员的岗位职责是（　　）而不是（　　）。

5. 垃圾分类督导员应有主动交流的意愿和能力，能主动提出问题，敢检查、会沟通，能负责任地检查居民是否正确分类投放垃圾，同时能（　　），并能（　　）。

二、判断题（下列判断正确的请打“√”，错误的请打“×”）

1. 社区医疗场所的医疗垃圾应就近投放到生活社区有害垃圾桶内。（　　）

2. 一般应按能量回收、直接再生、改性再生的优先级次序对废塑料进行回收利用。（　　）

3.《家庭垃圾分类台账》主要用于积分记录和积分兑换。（　　）

4.“混装混投”检查的关键点在垃圾收运环节。（　　）

5. 督导过程中做到四“勤”，即勤清洁、勤分拣、勤回收、勤换桶。（　　）

三、单项选择题（选择一个正确的答案，将相应的字母填入题内括号中）

1. 垃圾分类正确率包括（　　）。

①厨余垃圾分类正确率　②其他垃圾分类正确率　③可回收物分类正确率

④有害垃圾分类正确率　⑤定时率　⑥定点率

A. ①⑤⑥　　B. ①④⑤⑥　　C. ①⑤⑥　　D. ①③④⑤⑥

E. ①②③④

2. 以下（　　）是垃圾分类督导员的工作内容。

A. 检查居民投放的厨余垃圾是否正确，对不正确的进行二次分拣，确保厨余垃圾桶分类正确，确保其他垃圾桶满溢时及时更换，确保垃圾收运有序衔接

B. 开展垃圾分类宣传，协助居民分类投放，做好二次分拣工作，确保厨余垃圾分类正确，确保收集点环境整洁、无臭味，做好垃圾桶收运交接工作

C. 热心帮助居民开袋投放垃圾，对分类不正确的及时进行二次分拣，及时收拾低值可回收物，确保各类垃圾分类正确

D. 开展垃圾分类宣传，要求居民开袋接受检查，矫正居民不规范分类行为，帮助居民养成源头分类习惯，确保居民源头分类正确

E. 开展垃圾分类宣传，要求居民开袋投放垃圾，确保厨余垃圾分类正确，及时更换满溢垃圾桶，做好现场环境卫生工作，做好垃圾收运统计和交运工作

3. 以下关于两网融合的说法，正确的是（　　）。

A. 厨余垃圾回收环节与其他垃圾回收环节融合

B. 厨余垃圾回收环节与再生资源回收环节融合

C. 环卫体系收运环节与民间个体再生资源回收环节融合

D. 环卫体系收运环节与环保收运环节融合

E. 环卫体系的可回收物收集、收运与商务局、供销社的再生资源回收、运输相融合

4. 垃圾分类督导员岗中作业应做到的“一个严禁”是指（　　）。

A. 严禁抽烟　　B. 严禁“只动手不动口”

C. 严禁溜岗　　D. 严禁玩手机

E. 严禁与居民争执

5. 建筑装修垃圾中的大块废混凝土、废砖等，一般先用大型破锤或破碎机粉碎至小于（　　）毫米，再用粉碎机进行粉碎至建筑所需的石子、砂子等再生材料。

A. 400　　B. 300　　C. 200　　D. 100

E. 50

四、多项选择题（下列每题的选项中，至少有 2 项是正确的，请将相应的字母填入题内括号中）

1. 对于疑似垃圾混装混投者，您认为较好的督导方式是（　　）。

A. 要求开袋检查，进行耐心的辅导及示范，连续坚持几天迫使其放弃侥幸心理

B. 坚决要求开袋检查，不允许其投放，退回要求分好后再投

C. 坚决要求开袋检查，允许其投放，但对其进行严肃批评

D. 等混装混投者走后，替其进行二次分拣，确保分类垃圾桶的分类纯度符合要求

E. 坚决要求开袋检查，耐心辅导，并让其做二次分拣，迫使其放弃侥幸心理

2. 对于多次劝导无效的投放者，督导时要做到（　　）。

A. 主动与其打招呼，晓之以理，动之以情，不厌其烦地将其逐步感化

B. 每次都批评该投放者，并与其争论，直至其改正为止

C. 避免与其冲突，主动接过垃圾袋，帮其做二次分拣

D. 避免与其冲突，等其走后，帮其做二次分拣

E. 进行拍照取证形成溯源任务工单，督促物业进行后续行为矫正管理

3. 对垃圾分类收集点进行防疫消杀，如果使用次氯酸钠消毒液（84 消毒液），要求做到（　　）。

A. 看产品的有效氯含量是多少

B. 看生产日期和有效期

C. 按照 1 000~2 000 毫克每升的水配比

D. 针对不同的消毒对象，按其所需的消毒液配比进行调配

E. 现配现用，并用专门的抹布蘸取消毒液涂抹使用

4. 在收集点常规投放区，垃圾桶的摆放要求包括（　　）。

A. 收集点主入口对着其他垃圾桶，且其他垃圾桶在厨余垃圾桶右侧

B. 按组摆放（每个收集点至少配备一个有害垃圾桶）

C. 桶的正面（有标识）朝外

D. 桶盖闭合

E. 桶身清洁、无臭味、无破损

5. 收集点作业管理“八大要素”要求中的“三牌”是指（　　）。

A. 当班垃圾分类督导员工作牌

B. 分类投放红黑榜公示牌

C. 规范投放动作提示牌

D. 垃圾分类宣传牌

E. 达标户数占比统计牌

测试题参考答案

一、填空题

1. 约束性　2. 行业监管　3. 定人、定点、定车、定时、定路线

4. 督导　分拣　5. 向居民宣传垃圾分类知识　指导居民对垃圾进行正确分类

二、判断题

1. ×　2. ×　3. ×　4. ×　5. ×

三、单项选择题

1. E　2. D　3. E　4. B　5. D

四、多项选择题

1. AE　2. AE　3. ABDE　4. ABCE　5. BCE

培训任务 4

垃圾分类项目管理方法及案例

培训目标

- 了解垃圾分类治理应遵循的原则。
- 了解垃圾分类治理目标与实施途径。
- 了解垃圾分类管理组织体系。
- 了解项目管理、目标管理的概念。
- 掌握垃圾分类项目管理要点。
- 熟悉垃圾分类行为矫正闭环管理方法。
- 掌握垃圾分类项目宣传与推广方法。
- 了解垃圾分类推广优秀案例。

学习单元 1

垃圾分类治理的原则、目标和途径

一、垃圾分类治理的原则

1. 基本原则

遵循政府主导、全民参与、城乡统筹、属地管理、因地制宜、简便易行的原则，实行减量化、资源化、无害化和“谁产生、谁依法负责”的原则。

2. 社会公平性原则

垃圾分类治理的社会公平性主要体现在以下三个方面：一是产品分配公平性，如收集点场地的选择要考虑邻避效应，同时便于投放，维护社会公平性；二是生产和处置公平性，既要维护垃圾产生与排放的权利，又要完善垃圾处理费征收制度；三是参与公平性，即垃圾分类是公共环境事务，必须由全体居民共同承担垃圾分类的责任和义务。

3. 治理效率原则

对于任何一项治理活动，重视治理效率都应贯穿在活动的每个环节，如资源配置效率、投入产出比效率等。不讲效率的治理就是一种浪费。

4. 经济制度原则

垃圾分类治理的经济制度包括财政专项资金制度、生态补偿与赔偿制度、垃圾排放费收缴制度、垃圾处理费支付制度、生产者责任延伸制度[①]等。

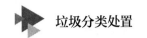

5. 投放便于监管原则

垃圾分类投放监管应有利于减量化、资源化利用，便于检查，便于识别，便于分类投放。

6. 主体责任制原则

垃圾分类治理应该履行主体责任制原则，《中华人民共和国固体废物污染环境防治法》规定：产生生活垃圾的单位、家庭和个人应当依法履行生活垃圾源头减量和分类投放义务，承担生活垃圾产生者责任。产生生活垃圾的单位和个人是生活垃圾分类投放的第一责任人。任何单位和个人都应当遵守城市生活垃圾管理的有关规定，并有权对违反法律法规的单位和个人进行检举和控告。在城市住宅社区，垃圾分类管理由业主委员会负责，对于实行物业管理的，由业主委员会委托和授权物业服务企业履行垃圾分类管理责任义务，物业服务企业为管理责任人；对于未实行物业管理且未成立业主委员会的，由社区居民委员会作为管理责任人。在乡村，通常由村民委员会负责，但对于实行物业管理的区域，由受委托的物业服务企业负责。物业服务合同对管理责任人的责任归属有约定的，从其约定。在机关、团体、部队、学校、医院以及其他企事业单位的管理区域，本单位为管理责任人。在商场、集贸市场、超市、宾馆、餐厅等经营场所，经营管理单位为管理责任人。在车站、地铁站、码头、机场、景区、文化体育场馆、公园、广场、娱乐场所等公共场所，经营管理单位也为管理责任人。对于城市道路及过街天桥、地下过街通道等附属设施，管理单位为责任人。在建设工程的施工现场，施工单位为责任人；对于尚未开工的建设工程用地，建设单位为责任人。在公共水域、河湖及其管理范围内，管理单位为责任人。对于公路、铁路，管理单位为责任人。对于不能确定生活垃圾分类投放管理责任人的，由所在地乡镇人民政府、街道办事处作为责任人或者由其指定责任人。设区的市可以参照相关规定，根据本地实际情况，确定各类场所的管理责任人。

二、垃圾分类治理的目标

垃圾分类治理的总体目标是可持续性的减量化、资源化、无害化。希望通过垃圾分类治理，减少垃圾处置量，减少碳排放量，控制环境污染，改善生态环境，增加再

---

① 生产责任延伸制度是指将生产者对其产品承担的资源环境责任从生产环节延伸到产品设计、流通消费、回收利用、废物处置等全生命周期。

生资源回收量，发展绿色循环经济，提高社会文明程度。

《关于进一步推进生活垃圾分类工作的若干意见》提出 2025 年前后垃圾分类治理的阶段性目标：基本建立配套完善的生活垃圾分类法律法规制度体系；地级及以上城市因地制宜基本建立生活垃圾分类投放、分类收集、分类运输、分类处理系统，居民普遍形成生活垃圾分类习惯；全国城市生活垃圾回收利用率达到 35% 以上。

三、减量化、资源化和无害化关系

无害化是垃圾分类的根本目的。减量化、资源化是对固体废物进行无害化管理的重要手段。减量化、资源化应服从和服务于无害化。只有满足无害化要求的减量化和资源化，才是真正意义上的减量化和资源化。

四、减量化、资源化、无害化的途径

1. 减量化的途径

垃圾减量化是指在产品设计、制造、流通和消费全过程中，采用合理措施减少废物量。例如，避免过度包装、净菜进城、禁止使用一次性筷子等。垃圾分类仅是垃圾减量全过程中的消费部分，通过垃圾分类减少垃圾填埋量及焚烧量，可最大限度地降低垃圾处置的财政支出，最大限度地提高垃圾的资源利用率及经济价值。

垃圾减量化分级金字塔结构如图 4–1 所示，垃圾处理方式根据固废资源化效率由高到低可分为六个等级，分别是预防（prevention）、最小化（minimisation）、二次利用（reuse）、回收（recycling）、能源化（energy recovery）、填埋（disposal）。不断扩大高级别处理方式的比例是实现垃圾减量化的有效途径。我国目前主要是从第六级填埋极力向第五级能源化（焚烧发电）转移，对前四级的应用十分有限。

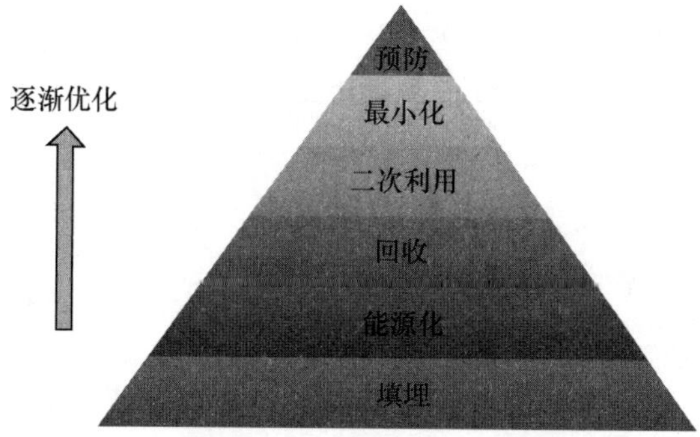

图 4–1　垃圾减量化分级金字塔结构

从国家层面来说，从源头上进行垃圾减量，预防垃圾产生，尽可能使垃圾产生量最小化的具体做法有：进行供给侧改革，规范塑料产品生产，全面推广易回收、易再生塑料制品，尝试推广低值塑料回收机制；限期禁止生产和使用不可降解的一次性塑料制品，减少包装材料的过度使用和包装性废物的产生，推广使用环保箱（袋）、环保胶带等环保包装材料；推进洁净农副产品进城；出台垃圾处理收费制度，用经济杠杆补齐垃圾处理短板；出台生产者责任延伸制度、生态补偿制度、生态赔偿制度；制定垃圾排放收费制度和减量化激励制度；制定产业资源回收政策和法律法规，如定量使用再生原料、以旧换新等；大力发展循环经济，通过建立后端循环产业最大限度变废为宝，发展绿色产业带动垃圾分类；要将垃圾分类、再生资源回收列入城市规划和财政预算等。

从个人层面上来说，个人应遵守《公民生态环境行为规范（试行）》要求，从生活中的小事做起，尽可能做到垃圾减量与低碳生活。

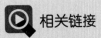

相关链接

垃圾减量，从我做起

1. 居家环境

（1）烹饪饭菜前合理计划，尽量不剩不扔。

（2）购物时自备环保袋，不使用一次性塑料袋。

（3）向社区爱心屋捐赠旧衣物。

（4）尽量使用可重复使用的耐用品，避免使用一次性用品。

（5）学习并掌握垃圾分类和回收利用知识，按分类标识单独投放有害垃圾，分类投放其他生活垃圾，不乱扔乱放垃圾。

（6）出门自带水杯、手帕、购物袋等。

（7）不再用的物品尽量分享、置换、回收。

（8）设置空调温度时，夏季不低于 26 摄氏度，冬季不高于 20 摄氏度；及时关闭各类电器电源，人走关灯；多走楼梯少乘电梯；一水多用；节约用纸。

2. 学习、办公环境

（1）纸张双面书写或双面打印；使用再生产品，如再生纸等。

（2）进行电子化教学、无纸化办公。

（3）尽量不用一次性中性笔、圆珠笔。

（4）尽量不使用一次性杯子，而是使用可重复使用的杯子。

（5）使用再生资源材料生产的产品。

（6）单独存放可回收物并卖给废品回收机构。

（7）学会互联网购票，使用电子客票、电子发票。

3. 就餐环境

（1）在外就餐适量点餐、合理搭配，剩菜剩饭打包带走，减少浪费。

（2）使用可重复使用的餐具。

（3）吃自助餐时按需取用，避免浪费。

（4）少点外卖，减少塑料餐盒的使用。

4. 购物环境

（1）自带环保购物袋，不用一次性塑料袋。

（2）购买可重复使用的产品，尽量不买一次性产品。

（3）不购买过度包装产品，礼物包装宜简单。

（4）适度消费，避免物品闲置、浪费。

（5）购物时认准标有中国环境标志（见图 4–2a）、可循环利用标志（见图 4–2b）和中国节能认证标志（见图 4–2c）的产品。

图 4–2　标志图

a）中国环境标志　b）可循环利用标志　c）中国节能认证标志

（6）使用可降解的食品包装袋。

5. 出行

（1）自带可重复使用的洗漱用品。

（2）旅游过程中应将各类垃圾分类收集和投放，不随手丢弃。

（3）优先步行、骑行或乘坐公共交通工具出行，多使用共享交通工具，家庭购车优先选择新能源车或节能型汽车。

2. 资源化的途径

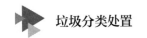

垃圾资源化是指将生活生产废弃物进行分类、分选、加工处理后作为原料进行再利用，或者对废弃物进行再生利用。垃圾资源化是从原料（废弃物）到产品（再生料）的工业化生产过程。垃圾资源化的措施具体如下。

（1）健全规范高效诚信的再生资源回收渠道和绿色分拣中心。

（2）健全废钢铁、废铜、废铝、废铅、废锌、废纸、废塑料、废橡胶、废玻璃等再生资源后端处置环节，物尽其用。

（3）推动二手商品交易和再制造产业发展。

（4）落实垃圾分类与再生回收网络融合，确保垃圾分类资源化管理一体化。

（5）完善财政、行政、法规制度保障，确保垃圾处理费的合理收取，以及低值废弃物回收补贴制度的落地。杜绝不规范回收、不规范加工乱象，将再生资源回收纳入国家绿色产业经营监管体系，确保分类回收产业链条在法治化、制度化、产业化环境下健康发展。

3. 无害化的途径

垃圾无害化是指对已产生但不能或暂时不能资源化利用的固体废物，采用物理、化学、生物等方法，进行对环境无害或低危害的安全处理，达到固体废物的消毒、解毒或稳定化目的，以防止并减少固体废物的污染危害。

无害化收集原则包括：工业废物与生活垃圾分开、危险废物与一般固体废物分开、可回收物与不可回收物分开、可燃物质与不可燃物质分开、医疗垃圾与生活垃圾分开等。

为了达到无害化要求，应对固体废物从产生、收集、储存、运输、利用到处置的各个环节进行全过程控制管理和开展污染防治，俗称“从摇篮到坟墓”的全过程无害化管理。

学习单元 2

垃圾分类管理组织体系

一、概述

《关于进一步推进生活垃圾分类工作的若干意见》要求：生活垃圾分类工作由省级负总责，城市负主体责任，主要负责同志是第一责任人。省级人民政府要结合本地实际情况明确生活垃圾分类日常管理机构，不断加强日常管理力量建设。建立健全市、区、街道、社区四级联动机制，明确各城市人民政府有关部门和单位责任清单，层层抓落实。住房和城乡建设（环境卫生）主管部门充分发挥牵头协调作用，各有关部门和单位按照职责分工积极参与，推动公共服务、社会管理资源下沉到社区，形成工作合力，使生活垃圾分类工作落到基层、深入群众，推动构建“纵向到底、横向到边、共建共治共享”的社区治理体系。

各级住房和城乡建设（环境卫生）主管部门牵头负责区域内的生活垃圾分类管理工作，负责制定适应本地区生活垃圾分类和基础设施建设的规划或实施方案，明确城镇生活垃圾分类和处理设施建设的主要目标和重点任务，完善支持政策，优化市场环境，健全垃圾分类标准和规范，实施垃圾分类治理项目管理制度，开展垃圾分类项目运营考核评估。

其他主要协同部门的职责具体如下：生态环境部负责监督、指导有害垃圾的收运处置工作；教育部负责组织开展和监督指导各类学校生活垃圾分类工作，开展学校生活垃圾分类收集宣传和推广工作，组织编写学生用生活垃圾分类知识课本和读物；商务部负责指导可回收物的回收管理工作，完善再生资源回收体系建设；自然资源部负责落实生活垃圾分类收运处置设施的用地保障工作；工业和信息化部负责再生资源再利用绿色产业体系建设；国家发展改革委、财政部负责垃圾分类收费体系建设；税务总局负责落实生活垃圾分类工作相关税收优惠政策的制定。

二、党政“一把手”主要职责

各市党政“一把手”是垃圾分类治理第一责任人，针对垃圾分类治理工作主要抓组织保障、抓行政立法、抓顶层设计、抓经费保障、抓工作机制、抓协同治理、抓社区治理、抓考核监督。

1. 抓组织保障

建立健全四级联动机制，明确各有关部门和单位责任清单，层层抓好落实，将生活垃圾分类工作纳入生态文明建设考核内容。

2. 抓行政立法

行政立法是垃圾分类推进的基础保障，应做到垃圾分类有法可依、有章可循。

3. 抓顶层设计

将垃圾分类与社区治理、绿色循环经济发展、碳减排紧密结合，确保垃圾分类治理与社区治理、绿色循环经济发展、环境保护“四丰收”。

4. 抓经费保障

要建立稳定持续的，以目标管理为导向的资金投入保障机制。

5. 抓工作机制

要健全目标导向工作机制，严格落实目标管理制度，健全通报、考核、奖罚等制度，对做得好的要鼓励表彰、大力宣传，对做得不好的要通报批评、约谈整改。要将垃圾分类纳入年度考核的重要内容，作为文明单位、文明社区等评先进、评优的重要指标，形成相互交流、相互学习、相互借鉴，比一比、赛一赛，争上游、创一流的工作氛围。

6. 抓协同治理

垃圾分类是一项任务艰巨的长期性系统工作，需要政府各部门、企事业单位、物业管理部门、街道办事处、社区居委会、居民等利益相关方深度协同，要形成政府主导、全民参与、城乡统筹、属地管理、因地制宜的工作格局。要建立市、区两级生活垃圾分类工作协调机制，推动公共服务、社会管理资源下沉到社区，推动构建纵向到底、横向到边、共建共治共享的社区治理体系。

7. 抓社区治理

社区环卫及生活垃圾分类管理属于社区物业管理主体的基本职责。要落实管物业必须管垃圾分类原则，将生活垃圾分类管理工作纳入物业管理职责内容，建立社区垃圾分类管理长效机制，依据垃圾分类管理实施方案，因地制宜地组织建立社区垃圾分类“三增一减”目标管理体系，将垃圾分类目标管理纳入社区物业服务事项公开公示清单和社区物业服务企业信用综合评价体系，采用守信联合激励机制和失信联合惩戒机制，促进垃圾分类长效化管理。

8. 抓考核监督

建立垃圾分类梯级目标管理考核体系，确保垃圾分类治理的时效性、经济性、可控性，确保垃圾分类管理工作有序推进、垃圾分类阶段目标按时完成。

三、区、县政府主要职责

1. 建立协同管理机制

每季度组织协调部门联席会议，协调各部门共同解决垃圾分类推动过程中遇到的痛点、难点问题，形成合力。

2. 建立协同保障机制

组织有关部门以及街道办事处共同制定垃圾分类管理制度，规范和约束垃圾分类活动，确保垃圾分类项目有效推进。

3. 落实资金保障

科学制订垃圾分类项目运营资金计划，预拨适当的资金额度，保障项目前期运营，并根据项目进度准时下拨后续资金。

4. 建立收运监管体系

牵头落实“4+2”（厨余垃圾、其他垃圾、可回收物、有害垃圾以及大件垃圾、装修垃圾）收运体系，落实收运体系的考核与监管。

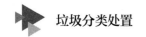

5. 提升垃圾收运和处置能力

推动垃圾分类收运和处置能力的提升，促进循环再生产业发展。

6. 建立目标管理制度

建立以垃圾减量目标为导向的管理考核制度，推动垃圾减量化、资源化、无害化进程。

7. 落实两网融合

牵头建立两网融合运营管理机制，确保可回收物与再生资源的回收融合。

8. 建立监管考评机制

制定生活社区、单位、公共场所垃圾分类监管及考评办法，监督各责任主体按月做好考评，牵头开展区域内垃圾分类巡检、考评抽查、考评通报、考评奖补与处罚的工作，实施物业垃圾分类经营项目退出机制，开展以结果为导向的资源重配置工作。

四、街道办事处主要职责

街道办事处负责本辖区生活垃圾分类项目的规划和管理，组织辖区单位和个人参与生活垃圾减量和分类工作，引导监督垃圾分类管理责任主体落实生活垃圾分类工作，确保辖区内垃圾分类目标实现。

1. 落实垃圾分类管理机制，成立推进垃圾分类工作领导小组，组织社区居委会、物业服务企业、业委会、在地单位“多元共治”联席会议，落实垃圾分类网格化管理体系，制定垃圾分类日常工作机制，确保垃圾分类各项工作落实到位。

2. 制定《街道生活垃圾分类工作实施方案》，落实垃圾分类管理主体责任制、垃圾分类目标管理考核体系；协同房管部门与垃圾分类管理责任主体签订垃圾分类责任书，落实责任状。

3. 监督落实垃圾分类基础设施建设，包括分类投放收集点的建设、垃圾分类收集点管理体系的建设。

4. 落实垃圾分类收运渠道，包括厨余垃圾、其他垃圾、可回收物、有害垃圾、大件垃圾、装修垃圾的收运渠道，形成规模化、规范化管理体系。

5. 落实可回收物和再生资源两网融合工作，形成统一管理、统一收运模式。

6. 印发《垃圾分类告知书》，号召人人参与垃圾分类。

7. 牵头组织、动员社区居民报名加入社区志愿组织、社工公益组织，配合物业管理责任主体招募的垃圾分类督导员工作，建立垃圾分类督导、监管团队。

8. 组织开展垃圾分类宣传、培训活动。

9. 组织各个社区、在地机构召开垃圾分类现场推广会。

10. 建立街道、社区、物业管理主体三级巡检、督导、监管、考核制度，以及以问题为导向的垃圾分类监管机制，落实区域内垃圾分类行政处罚制度。

11. 建立以目标为导向的资金分配机制。根据社区垃圾分类正确率、减量率、再生资源回收率等数据，进行财政资金分配，确保有限的资金用在“刀刃”上。

12. 落实街道垃圾分类服务平台建设，下沉垃圾分类相关服务资源，为社区、公共机构、公共场所垃圾分类提供运营保障。

13. 落实垃圾分类应急保障机制、监管和执法机制。

相关链接

垃圾分类告知书（示例）

垃圾分类是党和国家决策，是建设绿色生态文明社会的需要，是政府主导的社会治理工程。社区居委会以及物业管理机构承担本社区垃圾分类管理、监督、执法工作。

家庭、个人是垃圾分类第一责任人，应响应国家号召，自觉遵守垃圾分类相关法律法规和管理规定，服从垃圾分类管理主体的管理，从家庭源头进行垃圾分类储存，按照定时、定点要求分类投放，争当新时代垃圾分类排头兵。

街道办事处号召广大居民报名加入社区志愿组织、社工公益组织，动员待业人员积极担任垃圾分类督导员，上下一行齐抓共管，推动垃圾分类新时尚。

街道办事处承担区域内垃圾分类督导、监管、考核工作，落实以问题为导向的垃圾分类行为矫正管理机制，依法对屡教不改的行为人进行行政处罚。

五、社区居委会主要职责

1. 落实行政区域内生活社区、单位、公共场所垃圾分类管理责任主体，指导、监督其开展垃圾分类治理活动，负责无物业服务企业社区的垃圾分类治理兜底工作。

2. 落实街道办事处垃圾分类管理要求，做好垃圾分类宣传、培训工作，落实《家庭垃圾分类合约》《单位责任主体垃圾分类合约》的签订。

3. 协调垃圾分类管理责任主体开展基础设施建设，协助做好撤桶并网、两网融合工作。

4. 组织招募垃圾分类督导员、志愿者、社工，落实多方协同工作制度。

5. 制定阶段性管理目标，针对阶段性问题开展重点攻关工作，对存在的困难、问题及时向街道办事处上报。

6. 广泛征求居民对垃圾分类的意见，解决群众关心的问题，进行方案优化调整。

7. 组织开展垃圾分类推广活动，落实家庭知晓率、参与率指标考核。

8. 监督物业服务企业落实桶前现场督导矫正和溯源分级矫正的过程管理。

9. 监督物业服务企业做好垃圾分类信息上报工作。

10. 落实社区垃圾分类巡检考评工作，推动建立垃圾分类、垃圾减量长效机制。

11. 组织开展“三社联动”、社区营造活动，形成多元参与的工作格局。

12. 组织对垃圾分类管理责任主体进行履职情况考评。

相关链接

家庭垃圾分类合约（示例）

倡议家庭所有成员响应政府号召，参加生活社区垃圾分类活动，承担垃圾分类责任、履行垃圾分类义务，遵守垃圾分类管理条例，服从垃圾分类管理，维护生活社区卫生环境，共同创建绿色文明生活社区。

落实家庭厨余垃圾、有害垃圾、其他垃圾、可回收物分类存放，定时、定点到社区收集点有序投放。

从源头减少垃圾产生量。尽量购买净菜，吃饭光盘，养成不使用一次性餐具、使用手帕代替抽纸、使用织物购物袋代替一次性塑料袋、再利用废旧物品等垃圾减量化的良好习惯，共同创建绿色低碳生活社区。

参与再生资源回收活动。家庭生活产生的废纸、废金属、废塑料、废橡胶、废玻璃、废旧织物、废弃电器电子产品统一交售。将纸基复合包装产品、一次性塑料餐盒、一次性塑料杯、塑料酸奶盒等低值可回收物作为可回收物一袋投放。

践行垃圾分类从我做起，按照垃圾分类投放现场管理要求，配合开袋接受垃圾督导员检查，服从管理，服从垃圾分类行为矫正管理，接受对违规投放行为的行政处罚，自觉矫正不规范的投放行为，努力争当分类达标先进家庭。

六、生活社区垃圾分类管理责任主体主要职责

城镇人口居住地区实行物业管理的，由物业管理单位作为垃圾分类管理责任主体；由单位自管的，由单位作为垃圾分类管理责任主体；未实行物业管理的，由社区居委会兜底负责，或委托第三方作为垃圾分类管理责任主体。

1. 落实垃圾分类责任书的签订，履行物业服务合同中的垃圾分类管理责任条款，因地制宜制定生活社区垃圾分类管理实施细则，明确垃圾分类储存、分类收集、分类收运管理规定，明确不规范投放行为处罚措施。

2. 落实管辖区域收集点、回收屋、暂存点以及分类宣传栏、监控设备等基础设施建设、维护的管理工作，确保设施完好，确保在线监控系统完好。

3. 落实宣传推广活动，落实《垃圾分类告知书》《垃圾分类合约》《社区垃圾分类管理细则》《垃圾分类指南》等宣传文件的分发，确保垃圾分类宣传到户、到单位，确保完成知晓率、参与率指标。

4. 落实收集点日常检查督导工作，配置垃圾分类督导员，根据收集点岗前、岗中、岗后管理要求，做好桶前督导管理工作，确保各项任务目标完成。健全线上、线下日常巡察制度，确保区域内无不规范投放现象。

5. 落实溯源分级矫正管理制度，做好不规范投放行为的信息采集和视频图像调阅、溯源工作。落实对不规范投放行为人的分级矫正管理，依次采取电话倡导、约谈、上红黑榜、向街道办事处申请行政处罚、向街道办事处申请列入市民诚信污点记录、向街道办事处申请向行为人工作单位发函要求协同开展垃圾分类教育等分级矫正约束管理手段，确保完成垃圾分类考核指标。

6. 落实分级比较公示制度，定期公布家庭参与垃圾分类活动的情况、不规范投放行为记录、单元楼评比情况。通过公布生活社区垃圾投放检查结果，将投放行为透明化、公开化，促进居民对不规范投放行为进行自我约束，督促不规范投放行为人承担垃圾分类第一责任人的义务。

7. 落实再生资源统一管理制度，落实可回收物、再生资源回收两网融合工作，规范可回收物和再生资源统一收集、统一交运，确保区域内可回收物和再生资源回收净重占垃圾总量的比例大于 35%。

8. 落实垃圾减量管理制度，制订其他垃圾减量目标管理计划，出台垃圾减量举措，开展家庭其他垃圾源头减量推广活动，促进区域内垃圾减量化。

9. 落实垃圾交接收运工作，根据城市分类收运管理规定，定时、定点将辖区内分类垃圾桶拖运到垃圾收运集中点交运。规范大件垃圾、装修垃圾的收集工作，确保大

件垃圾、装修垃圾及时交运。

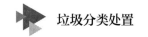

10. 落实数据统计和台账管理工作，按需建立《家庭垃圾分类台账》《垃圾分类督导员工作台账》《溯源分级矫正台账》《重点家庭台账》《垃圾收运台账》《社区垃圾分类态势台账》等，做好数据统计分析和信息上报工作。

根据《中华人民共和国民法典》规定：业主大会或者业主委员会，对任意弃置垃圾损害他人合法权益的行为，有权依照法律、法规以及管理规约，请求行为人停止侵害、排除妨碍、消除危险、恢复原状、赔偿损失。在聘请物业服务企业的情况下，物业服务企业应根据物业服务合同代为业主大会或业主委员会履行垃圾分类管理责任义务。作为民事主体的物业服务企业履行生活垃圾管理责任，不仅履行了法律义务，还承担了公共管理责任。物业服务企业在承担公共管理责任的同时，可以获得相应的权益，包括根据物业服务合同或与居民签订的《垃圾分类合约》，请求垃圾违法投放人承担相应的垃圾投放处置劳务费，或可获得垃圾分类达标物业管理评价补助资金、优先采购垃圾分类服务合同等权益。

七、业主委员会主要职责

业主委员会是指在物业管理区域内由业主选举出的、由业主代表组成的，通过执行业主大会的决定代表业主的利益，向社会各方反映业主意愿和要求，并监督和协助物业服务企业或其他管理人履行物业服务合同的业主大会执行机构。业主委员会的主要工作职责如下。

1. 开展党建引领业主自治活动。在垃圾分类工作中，业委会是参与社区治理的重要主体，业委会可依托党建引领和居民自治模式，发挥党员带头作用，建立楼长责任制，积极发动居民参与垃圾分类活动。

2. 配合做好宣传签约活动。组织党员、楼长、业主代表开展一系列垃圾分类宣传活动，通过座谈、知识问答、趣味游戏等多种形式的垃圾分类宣传活动，协助社区居委会、物业服务企业做好垃圾分类入户宣传、签约工作。

3. 开展垃圾分类协同共治共管活动。协助物业管理责任主体做好垃圾分类督导工作，协同做好不分类行为人的源头追溯和共治共管。

4. 监督物业管理责任主体履行垃圾分类投放管理责任和义务。监督物业管理责任主体落实物业服务合同，及时发现垃圾分类治理工作中的问题，协助物业管理责任主体解决垃圾分类管理中遇到的问题。

学习单元 3

垃圾分类项目管理

垃圾分类治理的最终目标是实现人们在无人监督情况下自觉分类、自觉减量。这是一个从有人监督投放到无人监督投放的行为矫正管理控制过程。这个管理控制过程需要借助管理工具来实现。

一、相关概念

1. 项目管理

项目管理（project manager，PM）是一个管理学分支的学科。它是指在有限资源的约束下，运用系统的观点、方法和理论，对项目涉及的全部工作进行有序有效的管理，即从项目投资、决策开始到项目结束的全过程进行计划、组织、指挥、协调、控制、纠偏、矫正、评价和激励，以期达到项目目标。

2. 目标管理

目标管理（management by objectives，MBO）又称成果管理，俗称责任制，是指在企业个体职工的积极参与下，自上而下地确定工作目标，并在工作中实行自我控制，自下而上地保证目标实现的一种管理办法。

3. 项目目标管理

项目目标管理（objectives and key results，OKR）由目标“O”和关键结果“KR”组成，即目标与关键成果法。它是一套明确和跟踪目标完成情况的管理工具和方法。

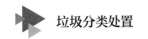

目标“O”是对驱动组织朝期望方向前进的定性追求的描述，主要回答“我们要做什么”的问题。关键结果“KR”是实现目标“O”的策略或措施的度量工具，用来衡量“O”是否达成，阐述如何通过“KR”来实现“O”的逻辑关系，主要回答“我通过关键结果怎么做”的问题。

项目目标管理就是项目控制。控制的前提是“失控”假定说，即假设在没有明确目标的情况下，人是惰性的，如果“要你分类”，则“你不想分类”。而在有明确目标的情况下，人们能够对自己的行为进行约束，对自己的行为负责，从而从被动去做变为主动去做。因此，项目目标管理的特征就是以目标作为管理活动的导向，用实现目标的成果来评价控制管理结果。项目目标管理工具包括目标制定、目标分解、目标对齐、目标广告牌、甘特图、激励与控制、目标评估、PDCA 循环、资源配置同步等。项目目标管理具有全方位、全过程的目标管理体系，并通过这套目标管理体系来逐步规范其管理对象的目标引导和执行能力，以确保目标实现。

二、目标管理实施流程

可以按照目标与关键成果法的总体架构来设计垃圾分类治理项目的目标管理方案，具体实施流程如下。

1. 明确垃圾分类总体目标“O”和关键结果“KR”

对目标任务进行阶段性的拆分，形成一个个容易实现的单一小任务，如将需要矫正的不良投放行为分解为若干个小目标，将垃圾减量总体目标也分解为若干个小目标，并将二者进行结合，形成垃圾分类目标管理体系。确认垃圾分类目标管理体系后，对关键结果进行细化，确定每个阶段性任务的开始、结束时间以及结果任务指标，形成甘特图，明确努力方向。

2. 明确每个目标的关键结果“KR”

所谓 KR 就是为了完成这个目标大家必须做什么，也就是说，实现所有目标的行为是什么。简单地说，就是为了实现这个目标，参与者打算具体怎么做，包括围绕项目目标管理，选择与之相适应的工作方法、管理工具、管理制度、工作标准和监督考评机制。

3. 实施过程管理

首先制定目标甘特图，明确日工作任务、周工作小结、月总结考评、季度表彰，不断对阶段性结果进行目标对齐、PDCA 评估和方案优化。其次，利用项目目标管理工具以及比较公示法、分级矫正目标管理法、减量目标管理法、积分激励处罚法等手段，夯实目标结果。

4. 结合考评结果重新配置资源

落实四级巡检、监管、考评体系，把目标管理考评结果作为垃圾分类资源重新配置的依据，确保有限的资源用到最关键的目标结果上去。

三、管理工具

1. SMART 原则

SMART 原则强调目标必须是具体的（specific）、可衡量的（measurable）、可实现的（attainable）、具有相关性的（relevant）、具有时效性的（time–based）。SMART 原则五要素见表 4–1。

表 4–1　SMART 原则五要素

说明	五要素				
	具体的	可衡量的	可实现的	具有相关性的	具有时效性的
内涵	根据本身职责、公司目标、客户要求与期望，制定具体的行动任务目标	所有的目标结果都是可以通过客观数字来衡量的	目标是可以实现的，也是具有挑战性的	具体任务目标是相关的	目标的实现必须是有时限的，不能无限拖延
外延	具体做什么 何时做 怎么做 做到什么程度 生产什么结果	投入成本 投入回报比 垃圾减量率 资源利用率 分类正确率	通过努力能够实现的目标，如资源化利用率大于或等于 35%	横向、纵向所有任务与目标都是相关的、连贯的	分解目标，规定各阶段时限

2. 甘特图

甘特图是指将目标管理的计划进度用时间轴进行预管理。甘特图的横轴表示项目控制的时间进度，纵轴表示需要落实完成的关键任务。以产品产量为例，甘特图主要展现目标计划产量与计划时间的对应关系，每天实际产量与预定计划产量的对比关系，一定时间内实际累计产量与同时期计划累计产量的对比关系。甘特图是一项具体的目标计划预控制表。甘特图（示例）见表 4–2。

表 4-2 甘特图（示例）

任务	开始时间	结束时间	任务指标	周期一时间段	周期二时间段	周期三时间段	周期四时间段	周期五时间段
工作内容 1								
工作内容 2								
工作内容 3								
工作内容 4								
工作内容 5								

3. PDCA 循环

PDCA 循环是项目管理中经常用到的一个工具，是指在确定项目的目标后，通过计划（plan）、执行（do）、检查（check）和处理（action），将项目实施过程中好的进行标准化、规范化处理，不好的进行分析、纠偏、调整、再计划，并将其带入下一轮作业循环中去。PDCA 循环图如图 4-3 所示。PDCA 循环的四个过程不是运行一次就结束的，而是周而复始、螺旋上升执行的。PDCA 循环可促使项目管理质量不断上升，项目工期得到保障。

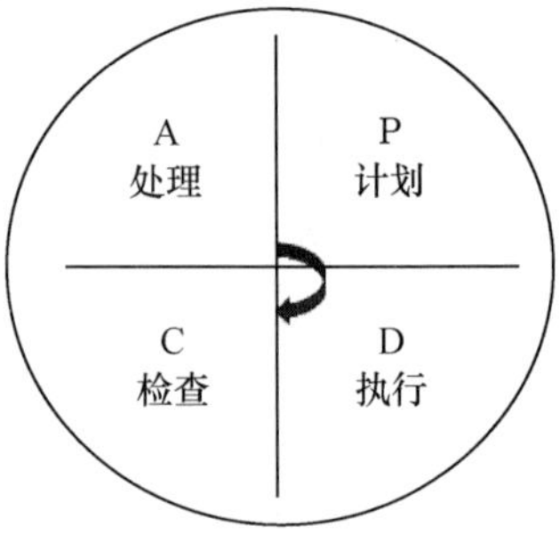

图 4-3　PDCA 循环图

4. 鱼骨图法

鱼骨图又称因果图，它是一种透过现象看本质的分析方法。鱼骨图的组成如图 4-4 所示。①是特性，不同的问题会表现出不同的特性，可以直接理解为问题。②是主骨，代表特性所对应的所有影响因素。③是大骨和要因，通常将最主要的影响因素标记成大骨。④和⑤分别是中骨、小骨，就是将主要因素分解成更加细致的影响因素。图中各因素与特性之间不存在因果关系，而是构成结构关系。

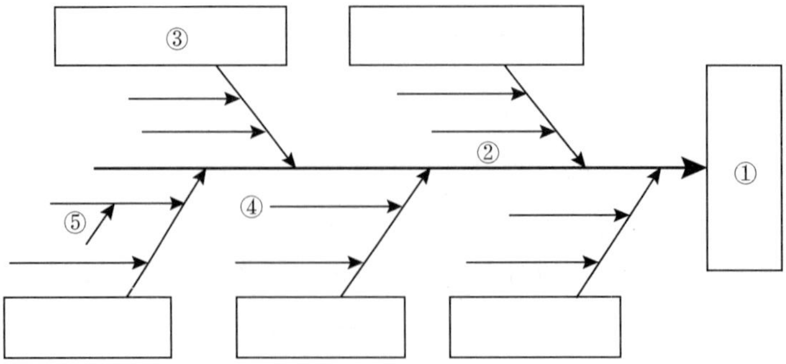

图 4-4　鱼骨图的组成

在工作中遇到的每个问题都有不同的影响因素，可以依照鱼骨图原理，将这些因素按照不同的特性以及相互关联性，条理清晰并层次分明地表示出来，从而找到主要矛盾、主要症结，提出解决方法。

5. 5W1H 工作法

5W1H 工作法是指对选定的项目、工序或操作，都要从原因（何因 why）、对象（何事 what）、地点（何地 where）、时间（何时 when）、人员（何人 who）、方法（何法 how）等六个方面提出问题进行思考。从而明白为什么要选择这么做（why），要采用何种方式做，要实现什么目标（what），在哪里做（where），由谁来做（who），在什么时间内完成（when），以及如何去做（how）。在此基础上，可进行取消、合并、重排和简化工作，对问题进行综合分析研究，把复杂的问题简单化，从而产生更新的创造性设想或决策。

6. 项目风险管理

项目风险管理是指在项目目标管理过程中对存在的不确定性因素进行管控。具体来说，就是选择最关键、最重要的控制点，采取规避、转移、接受、利用等方式，排除对项目目标实现的不确定性，避免各类风险，避免无效用工，保证项目有序完成。

对于垃圾分类项目风险管理，必须把项目目标管理作为风险控制的基础，进行有序运营、有效管理。垃圾分类项目关键控制点设置应与“培养人们的分类投放行为习惯，最大限度地减少其他垃圾产生量，减小垃圾对生态环境的影响”总体目标保持一致，确保整个项目实施有序、有效。

（1）行为习惯控制点设置。在垃圾分类四大环节中，分类投放的个人行为管理是关键。垃圾分类投放行为矫正的跟踪管理做得好不好，关系到整个垃圾分类的系统工作能不能有效推进。放弃了家庭个人源头管理，也就是放弃了最大的风险控制。因此，要把管理垃圾投放行为人作为垃圾分类管理的关键控制点，把定人、定点、管桶转移到管理人的投放行为上，把投放环节关键控制点设置在对违规投放行为人的追踪溯源和有效矫正管理上，通过梯度式的矫正管理，达到违规行为的清零。

设置行为习惯控制点，要建立长效化的行为规范宣教机制。要克服宣传的形式化、表面化现象，要将宣传教育落到居民具体的垃圾分类行为责任中去；要明确垃圾分类投放行为规范，教会居民垃圾分类方法，落实居民垃圾分类目标管理；要多方联动，营造良好的垃圾分类环境；要建立《家庭垃圾分类台账》，将宣传教育落实到具体的分类达标家庭成果上。

设置行为习惯控制点，要建立长效化、透明化的约束管理机制。要克服法不责众思想，有针对性地建立起一套长效化行为取证管理机制；要矫正暗箱投放行为，推行投放过程透明化管理机制；要增加违规投放成本和提高处罚力度，进行严格的长效化约束性管理，实现长效化的垃圾分类。

（2）垃圾减量控制点设置。垃圾分类治理的最终目的是实现垃圾减量化，因此，要把项目的目标管理和核心控制点落在垃圾减量上，通过其他垃圾净重约束性管理、低碳生活管理，以及“分级金字塔结构”梯度式减量管理，来实现生活垃圾最大限度减量。当然，梯度式减量管理更多的是靠政府在产品生产、产品包装、物流消费等环节去规范、去控制。

（3）组织协同控制。垃圾分类投放、分类收集、分类运输、分类处理的四个环节构成垃圾分类的线性系统。各环节相互联系、相互制约又相对独立。所谓独立，就是四个环节的管理责任主体是各不相同的，分类投放是管理居民行为的，分类收集是管理社区内物业管理责任主体履职状况的，分类处置是管理回收加工、再利用企业生产能力的。四大环节管理不协同，会造成管理脱节、管理无效，从而带来巨大的运营管理风险。

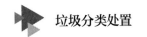

四、个人行为目标管理

1. 影响和约束个人行为习惯的因素

影响和约束个人行为习惯的因素是多方面的：一是外部社会环境因素，包括道德、舆论、宣传、教育、制度、法律、法规、公约等方面的因素；二是生态环境因素，包括便利完善的投放设施、优美整洁的环境；三是个人内在因素，包括使用行为比较法，公布垃圾投放执行检查结果，发布先进榜、积分榜、诚信榜等，从个人面子入手加强行为约束；四是经济杠杆因素，通过行为正向积分的精神激励、有价回收，以及垃圾按净重收费、行政处罚等经济手段约束。

2. 个人行为约束目标管理实施步骤

（1）确定管理、控制的目标对象，明确要约束控制哪些不良行为。确立约束控制目标对象是实施管理的前提。垃圾分类项目的成果，即培养正确的投放行为，应该成为控制的重点对象。因此，首先需要了解有哪些不良投放行为必须矫正，并将这些行为列出来，逐个明确。

（2）弄清不良投放行为问题的症结，制定行为矫正步骤。在对不良投放行为进行分解的基础上，找出每个行为问题的症结，根据行为逻辑，针对每个不良投放行为，逐一制定出比较容易改变的小目标；或者针对突出问题，制定改进目标。

（3）依次制订小目标管控实施计划，进行分级矫正管控。居民分类行为矫正控制表（示例）见表 4–3。该表清晰地告知每个人：哪些不良投放行为需要矫正；矫正控制的指标是什么；习惯转变的时限是多久；超过这个时限，将会受到哪些处罚。最后，形成个人行为矫正实施路线图。

表 4–3　　居民分类行为矫正控制表（示例）

步骤	行为类型	收集点提示牌	控制指标（人数占比）	矫正时限
1	不定点	请到垃圾亭投放垃圾	100%	14 天
2	不定时	请按时投放垃圾	99%	14 天
3	不分类	请干、湿垃圾分类投放	干、湿垃圾分类正确率 99%	1.5 个月
4	厨余垃圾不开袋	厨余垃圾请开袋投放	厨余垃圾开袋率 100%，正确投放率 60%	1 个月
5	厨余垃圾分错	厨余垃圾请正确分类	厨余垃圾分类正确率 80%	1.5 个月
6		厨余垃圾请正确分类	不正确的，现场要求居民做二次分拣，厨余垃圾分类正确率大于 96%	1 个月
7	其他垃圾不开袋	其他垃圾请开袋投放	其他垃圾开袋检查率 80%，其他垃圾分类分类正确率 60%	1 个月
8	其他垃圾分错	其他垃圾正确分类，请将有害废物分离出	其他垃圾开袋检查率 95%，其他垃圾分类正确率 85%，可回收物回收率 5%	1 个月
9		其他垃圾正确投放，请将低值可回收物分离出	其他垃圾检查率 100%，其他垃圾分类正确率 90%，厨余垃圾分类正确率 99%，可回收物回收率 10%	1 个月
10	可回收物细分类投放	请将可回收物进行细分类后投放	其他垃圾分类正确率 95%，厨余垃圾分类正确率 99%，可回收物回收率 30%，有害垃圾分类正确率 90%	1.5 个月
11	其他垃圾源头减量投放	请在源头减少其他垃圾产生量	其他垃圾分类正确率 98%，厨余垃圾分类正确率 100%，可回收物回收率 35%，有害垃圾分类正确率 100%	1.5 个月

续表

步骤	行为类型	收集点提示牌	控制指标（人数占比）	矫正时限
12	其他垃圾计量投放	其他垃圾计量收费投放	1. 超出家庭其他垃圾限额，实施计量计费投放 2. 社区其他垃圾超出总量10%，加收垃圾分类处置费	2个月

注：“厨余垃圾”在有的区域还细分为生食、熟食。生食是指烹饪前的瓜皮残叶，可以就地加工回田；熟食是指烹饪后的剩菜剩饭，需要回收处置。

（4）落实矫正目标管理工作机制，实现有效的管理和控制。在明确矫正目标、矫正要求、矫正时限后，要建立起一整套桶前提醒、检查、监督、引导、监管、考评工作机制，不断引导、协助居民改变不良投放行为习惯。

（5）落实行为管理的约束机制，实现公开、透明化的约束性管理。制定个人行为目标管理要从人的本性假设出发，具体认识到以下三点：一是人是有惰性的、怕负责任的，必须建立必要的行为约束机制；二是人是个体的，需要维护个人形象，必须应用行为比较法将其投放行为公开；三是人是社会属性的，有从众心理，必须营造社会环境压力，通过共治手段，促其与社会保持一致。垃圾分类开展的上半期定义为宣教引导期，以宣教、培训、引导、积分、激励为主。激励方式有积分奖励、星级家庭评选等。垃圾分类开展的下半期定义为监管约束期，以管理、检查、控制、处罚约束为主，把不良投放陋习细分为十个步骤，逐步地、循环往复地、潜移默化地进行分级矫正。首先采用约束手段，如积分榜、分类投放红黑榜、达标家庭评选等比较公示制度，尽可能将不良投放行为曝光；其次，采用分级矫正目标管理工具，通过现场督导、物业约谈、行政处罚、市民诚信污点记录、社企联动（社区居委会与行为人工作单位联动）、家校联动，以及依据达标家庭评选结果收取社区垃圾分类处置费等手段，形成一个立体式的强监管、强约束体系。

五、生活社区目标管理

生活社区分类投放收集点是家庭、个人垃圾分类投放行为结果的管理控制节点，具体管理控制工作流程如下。

1. 确定关键目标

分类正确率和减量率是生活社区垃圾分类治理的关键目标。

2. 确定过程控制目标

分类正确率和减量率两项关键目标要通过一系列过程控制目标来逐步实现。分类正确率过程控制目标包括不定点率、不定时率、厨余垃圾或其他垃圾二袋投放率、开袋投放率、厨余垃圾分类正确率、其他垃圾分类正确率、可回收物回收率、其他垃圾减量率八项。减量率过程控制目标叠加在分类正确率过程控制目标中。

3. 目标任务分解

根据目标与关键成果方法，可将八项过程控制目标分解为十个阶段性目标来逐个进行突破。十个阶段性目标分别是定点投放，定时投放，干、湿二袋投放，厨余垃圾开袋投放，厨余垃圾正确分类，其他垃圾正确分类，可回收物一袋投放，可回收物细分类投放，其他垃圾减量投放，其他垃圾计量收费。这样就将看似很难、很复杂的行为矫正项目，细化成十个简单的小步骤，让每个人都易学、易懂、易做。当第一个容易实现的不良投放行为改正后，再进行下一个不良投放行为的矫正，从而潜移默化地养成正确的垃圾分类习惯，完成分类正确率和减量率两项关键目标。当然，十个阶段性目标不是一成不变的，可以根据不同生活社区的具体情况，有针对性地制定出符合自身实际情况的矫正步骤。生活社区垃圾分类目标管理任务分解表（示例）见表 4–4。

表 4–4　　生活社区垃圾分类目标管理任务分解表（示例）

步骤	目标名称	主要任务	重点	规定动作提示牌	控制指标（人数占比）
第一期	定点投放	制定撤桶并网方案、完善分类投放收集点（屋、亭）建设、配齐投放设施、设置宣传栏和引导牌、组织动员居民开展定点投放。后半期重点对不定点投放垃圾的居民进行拍照取证，并做出行政处罚	消灭不定点投放现象	请到垃圾收集点（屋、亭）投放垃圾，严禁随地倾倒垃圾	100%
第二期	定时投放	引导居民定时进行投放，重点对不定时投放者进行约谈，为下一阶段开展分类投放检查、督导打下基础	严格控制不定时投放现象	请按规定时间投放垃圾	98%
第三期	干、湿二袋投放	引导居民在家庭源头进行干、湿垃圾分类投放，对一袋投放的进行检查，督导居民按照厨余垃圾、其他垃圾二分袋分类投放	消灭干、湿垃圾混装现象	请干、湿垃圾二袋投放，请将厨余垃圾与其他垃圾分类投放	干、湿垃圾分类正确率 99%

续表

步骤	目标名称	主要任务	重点	规定动作提示牌	控制指标（人数占比）
第四期	厨余垃圾开袋投放	要求居民将厨余垃圾开袋投放，并对厨余垃圾进行检查，指导居民对厨余垃圾进行正确分类，重点培养居民开袋投放的习惯	厨余垃圾开袋投放	厨余垃圾开袋投放	厨余垃圾开袋率达100%
第五期上	厨余垃圾正确分类	重点检查厨余垃圾是否正确分类并进行指导，以鼓励、奖励为主	认真检查、耐心指导	厨余垃圾请开袋接受检查	厨余垃圾分类正确率达60%
第五期下		以提高厨余垃圾分类纯度、溯源追踪厨余垃圾不分类的个人和家庭为主，重点对厨余垃圾不分类的个人和家庭开展行为矫正管理，通过比较法逐级提升矫正手段，确保完成厨余垃圾分类正确率指标	完成日取证工作任务	拒绝厨余垃圾不分类	厨余垃圾分类正确率达96%
第六期上	其他垃圾正确分类	要求其他垃圾开袋投放，检查其他垃圾是否正确分类并进行指导，重点是将有害垃圾分离出来，以鼓励、奖励为主	开袋检查	其他垃圾请开袋投放	其他垃圾开袋率80%，其他垃圾分类正确率50%
第六期下		以消灭其他垃圾混装混投现象为主，如分出低值可回收物，提高其他垃圾的分类纯度，溯源追踪其他垃圾不分类的个人和家庭，通过行为比较法、分级矫正管理法，确保完成其他垃圾分类正确率指标	消灭混装混投现象	杜绝其他垃圾混装混投现象	其他垃圾开袋率98%，其他垃圾分类正确率90%
第七期	可回收物一袋投放	引导居民将低值可回收的玻璃瓶、一次性餐盒、纸基复合包装盒、塑料酸奶盒等沥干、擦净后投放，确保低值可回收物的回收量，不混装混投	引导居民家庭回收低值可回收物	一次性餐盒、纸基复合包装盒、塑料酸奶盒等低值可回收物，请分类投放	一袋回收率达80%，低值可回收物回收率达85%

续表

步骤	目标名称	主要任务	重点	规定动作提示牌	控制指标（人数占比）
第八期	可回收物细分类投放	设置废弃纸类、塑料、金属、织物、电器电子产品、玻璃、木料等七大类投放容器，引导居民按细分的可回收物类别分别投放。有场地条件的可以将塑料类再细分成饮料瓶类、保洁用品类、其他塑料制品类等，将金属类再细分成铝制品类、铁制品类等，将废纸类再细分成书报类、纸皮类等	强化两网融合回收	倡导废品回收，助力绿色循环经济产业发展	低值可回收物回收率达95%，再生资源回收率大于35%
第九期	其他垃圾减量放	宣传、引导从源头减少其他垃圾产生量，宣传绿色低碳生活方式，推动其他垃圾按家庭人口定额定量称重投放，确保其他垃圾减量	社区垃圾减量和碳减排活动	减少垃圾产生量，倡导绿色低碳生活	其他垃圾占比逐月递减
第十期	其他垃圾计量收费	探索其他垃圾计量投放模式	根据达标家庭等级计量收费	谁产生谁付费，多产生多付费	其他垃圾占比低于10%

4. 约束机制

（1）建立垃圾分类督导员行为约束机制

1）影响垃圾分类督导员作业行为的因素

①严格的岗前培训制度。

②完善的岗位工作职责、操作流程、管理制度。

③明确的垃圾减量化、资源化和分类正确率目标管理机制。

④定性、定量的日常督导作业考核指标。

⑤封闭式的可回收物收集、交付管理机制。

⑥严格的考核考评制度。

2）建立垃圾分类督导员目标管理约束机制

①落实垃圾分类督导员岗位责任制。进行岗前标准化操作培训；落实垃圾分类督导员目标管理制度，明确关键目标和过程控制目标，明确数据采集要求。

②落实日定额工作量制度。项目管理机构应根据社区垃圾分类推进进度情况，因

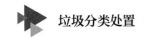

地制宜制定垃圾分类督导员每天、每周督导任务，将任务指标定量化，实施垃圾分类督导员日工作量证明、周月工作量复核制度，保质保量完成阶段性目标任务。

③落实垃圾分类目标管理进度分析制度。通过日、周工作量统计表情况，全面梳理、归纳、统计管辖区域内垃圾分类投放行为矫正态势数据，分析、衡量垃圾分类督导员工作成效，并为下一阶段督导工作提供决策依据。

（2）建立物业管理责任主体约束机制

1）生活社区物业管理责任主体未很好进行垃圾分类运营的原因

①管物业必须管垃圾分类，但实际上只有宣传口号，没有实际落地的配套政策、资金和保障机制。

②垃圾分类作为市场化项目被外包出去，而收集点的日常管理，如用水、用电、误时投放管理等又要求物业管理责任主体负责，存在责权利不对等、不公平现象。

③垃圾分类是一项管人的工作，外包企业不具备约束个人行为的手段。

④垃圾不分类、随时随地乱丢这类行为存在监管难、取证难、溯源难、处罚难的问题。

⑤物业管理责任主体担心管垃圾会得罪居民，影响收物业费和与居民之间的关系。

⑥垃圾分类需要做社区营造和社区动员，以便形成强大的外部环境压力，而外包企业没有能力和动力去做社区营造和社区动员工作。

2）建立生活社区物业管理责任主体垃圾分类约束机制

①明确垃圾分类管理责任主体的责、权、利，以及约束条例，启动管理责任主体对垃圾分类治理的积极性。

②将政府配套的相关资金、资源直接下沉到街道，以便街道更合理、更有效地管理生活社区物业管理责任主体，便于开展垃圾分类工作。

③明确公民进行垃圾分类的义务，明确垃圾分类行为规范，将垃圾分类行为列入市民诚信管理体系。

④落实生活社区物业管理责任主体的垃圾分类责任书签订机制，明确垃圾分类目标管理责任指标体系。

⑤依托街道办事处的资源和能量，支撑社区开展垃圾分类的社区营造工作，以及检查、考评工作。

5. 过程管理

（1）进度管理。可以根据管辖区域具体情况，因地制宜地将垃圾分类项目进度管理分为筹备期、启动期、推广期、提升期、巩固期五个阶段来实施。不同阶段的工作重心、管控目标和资源配置有所不同，但最终将实现无人化管理。

1）筹备期。上报垃圾分类实施方案，落实垃圾分类配置资金，确保收集点基础设施建设按期完成。落实分类收运渠道，确保分类的垃圾能按时收运。制定社区垃圾分类实施细则、宣传方案，制作宣传手册、宣传栏、引导牌，确保工作有章可依。招募、培训垃圾分类督导员、管理员、志愿者、社工，落实组织管理。

2）启动期。召开推广启动大会，组织入户宣传、签约，完成知晓率指标任务。落实撤桶并网工作，组织引导居民定点投放，开展桶前宣传，引导居民干湿二袋分类投放，提升二袋投放率，确保完成垃圾分类参与率指标。

3）推广期。开展桶前开袋检查工作，引导居民正确分类，确保完成厨余垃圾分类正确率指标。

4）提升期。重点开展其他垃圾检查工作，确保其他垃圾袋中不含有害垃圾、厨余垃圾、低值可回收物，引导居民实行可回收物细分类投放，确保厨余垃圾、其他垃圾、可回收物、有害垃圾分类正确、净重量占比达标。

5）巩固期。重点对不听劝阻、不分类的居民进行定位溯源，落实比较公示法，开展行为分级矫正、处罚管理，坚决拒绝不分类投放行为。

（2）日常管理。日常管理包括收集点日常管理、督导任务管理、分类目标管理、溯源和分级矫正目标管理、公示比较制度管理、PDCA 循环管理、关键问题管理、检查考核管理。日常管理的重点在于把握项目目标进度，将 OKR 考评结果作为垃圾分类资金、资源配置的依据，确保有限的资金落在关键结果上。

（3）重要环节管理。投放环节的重点在于是否与家庭签订《垃圾分类合约》，是否建立《家庭垃圾分类台账》。收集环节的重点在于是否建立垃圾分类项目目标管理机制，是否落实行为溯源分级矫正目标管理和垃圾减量分级目标管理。

（4）检查与纠偏（PDCA）。检查与纠偏的操作步骤具体如下。

1）发现问题。了解社区垃圾分类现状，找出存在的主要问题。

2）分析问题。分析垃圾分类投放行为类型，采用鱼骨图法，分析存在的各种内在因素和外在因素。

3）分析主要因素。按照二八原则，找出影响居民分类投放的主要因素，将不同的投放行为细化、排列。

4）采取措施。根据行为矫正的逻辑关系，采用 5W1H 工作法制定行为矫正督导办法、时限以及考核目标。

5）执行。按照措施计划和要求，开始执行。

6）检查。把执行结果与要求达到的目标进行对比。

7）标准化。把成功的经验总结出来，规范制定操作标准。

8）将没有解决或新出现的问题转入下一个 PDCA 循环中去解决。

6. 分级矫正目标管理操作流程

（1）分析、列出需要改变的不良投放行为类型。

（2）根据社区垃圾分类投放现状，有目的地选择需要管控的不良投放行为类型。

（3）对选择的不良投放行为类型进行分级排序，制定循序渐进分级矫正管控目标、时限要求和考核指标。

（4）对目标和考核指标进行任务分解，制定日工作任务表（包括常规督导工作量和溯源信息采集工作量）。常规督导工作量是指每天必须完成的正常检查、辅导任务量以及矫正居民户数。溯源信息采集工作量是指在常规督导模式不起作用的情况下，对不良行为人进行现场拍照取证，形成二次行为矫正任务工单，提交给后端物业管理人员并开展后续分级行为矫正管理工作。

（5）实施日工作任务管理制度。根据日工作任务规定的工作内容，在收集点醒目位置张贴规定动作提示牌，提示居民本阶段需要配合完成的分类投放规范动作，如“厨余垃圾，请开袋投放”或“其他垃圾，严禁混装混投”，让居民一目了然。垃圾分类督导员根据任务清单要求，每天保质保量做好居民的分类投放辅导工作，每天重点采集屡教不改居民的行为信息，有的放矢地矫正若干个目标行为人，日积月累，积少成多，确保完成各个阶段的工作任务。日工作任务表见表 4–5。

表 4–5　　日工作任务表

生活社区垃圾收集点名称：　　日期：

目标管理名称		本目标完成时限		目标居民总户数	
日常规督导任务数		周常规督导任务数		目标值	
累计完成		未完成		完成率	
序号	采集时间	家庭门牌号	照片 1	照片 2	照片 3
1					
2					
3					
4					
5					
6					
7					
8					
9					
10					

续表

日溯源信息任务数		周溯源信息任务数		目标值	
累计完成		未完成		完成率	
序号	采集时间	家庭门牌号	照片 1	照片 2	照片 3
1					
2					
3					
4					
5					

注：家庭门牌号由后端垃圾分类管理责任主体的工作人员进行图像识别辨认后填写，也可以由前端垃圾分类督导员填写。

（6）落实溯源定位管理工作。后端垃圾分类管理责任主体的工作人员在收到日工作任务表后，应在指定的时限内辨别行为人，确认行为人家庭门牌号，并及时做好《家庭垃圾分类台账》的记录工作。家庭垃圾分类台账（示例）见表 4–6。

表 4–6　　家庭垃圾分类台账（示例）

门牌号		户主		联系电话	
人口		户主单位		是否出租户	
退休人员		儿童及青少年		学校	
合约签署		积分累计		达标等级	
记录序号	违规种类	违规时间	种类小计	违规总次数	分级矫正
1					
2					
3					
4					
5					
6					
7					
8					
9					
10					

（7）落实分级矫正管理工作。分级矫正管理是指根据行为人违规行为的记录次数，制定分级矫正管理机制，逐级提升矫正管理手段。例如，电话告知 2 次后，若依旧无

效，则升级到下一级物业约谈。分级矫正管理表（示例）见表 4–7。行为矫正闭环管理操作流程图如图 4–5 所示。

表 4–7 分级矫正管理表（示例）

级数	矫正管理	内容	升级次数	责任人
初始	现场督导	现场引导、辅导	3 次	在地垃圾分类管理责任人
第一级	电话告知	第一时间电话告知，并进行倡导	2 次	在地垃圾分类管理责任人
第二级	物业约谈	通知家庭户主约谈，或上门约谈	1 次	在地垃圾分类管理责任人
第三级	红黑榜上榜	每周张贴红黑榜，同类行为劝导 3 次以上，则上升为行政处罚	3 次	在地垃圾分类管理责任人，或社区居委会
第四级	行政处罚	每月由街道城管执法中队上门倡导并开具行政处罚通知单，首次处罚 50 元，第二次 100 元，第三次 200 元	3 次	由生活社区管理负责人提交申请，街道城管执法中队确认后落实执行
第五级	市民诚信污点记录	每季度上报市民诚信记录数据库	1 次	由生活社区管理负责人提交申请，由社区居委会、街道办事处核实确认，提交当地市民诚信管理机构
第六级	社企联动矫正	定期与行为人所在工作单位联系，协同开展矫正工作		社区居委会提交，街道办事处审批、发函

注：行政处罚主要依据各地地方政府制定的垃圾分类管理条例及《中华人民共和国民法典》《物业管理条例》等法律法规，执行部门为城管部门；垃圾分类督导员、管理员可以将视频监控设备抓拍的图像作为行为证据，提交执行部门。

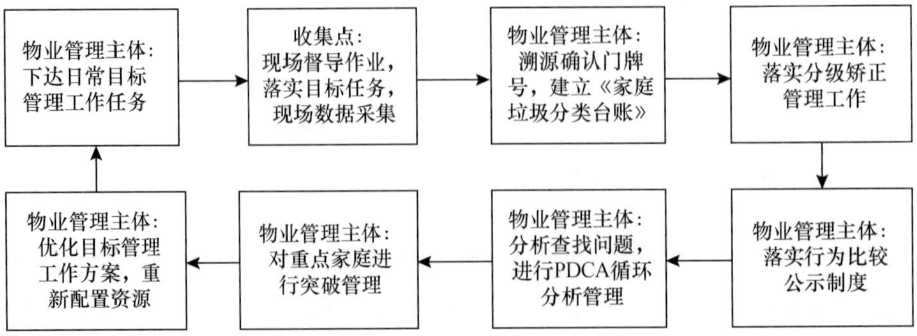

图 4–5 行为矫正闭环管理操作流程图

（8）落实比较公示制度。定期将日工作任务表数据进行公示，将垃圾分类投放过程透明化、公开化。比较公示的内容分为以下几类。

1）家庭参与垃圾分类活动情况公示。家庭参与垃圾分类活动情况包括家庭知晓率、参与率情况，家庭垃圾分类积分情况，家庭垃圾分类达标情况。

2）不规范投放行为记录公示。例如，每周或每月公布分类投放红黑榜、行政处罚公示榜。

3）单元楼评比情况公示。定期公示单元楼垃圾分类投放数据，进行单元楼垃圾分类行为评比。

（9）做好社区垃圾分类态势分析。根据《家庭垃圾分类台账》记录，建立社区行为矫正态势图或“晴雨表”，随时掌握区域内垃圾分类目标管理进度和成效。社区垃圾分类目标管理“晴雨表”见表 4–8。

表 4–8　　社区垃圾分类目标管理“晴雨表”

矫正类型	初始数据	本月目标	本月数据	本月完成率	上月数据	环比增减率	年终目标数	累计完成率
不定时投放数								
不定点投放数								
不分类混投数								
厨余垃圾开袋数								
厨余垃圾正确数								
厨余垃圾桶数（净重）								
其他垃圾开袋数								
其他垃圾正确数								
其他垃圾桶数（净重）								
可回收物总净重（千克）								
可回收物收入（元）								

（10）重点家庭管理。定期开展目标评估与 PDCA 循环，及时发现项目实施过程中存在的痛点，提出下一轮垃圾分类管理整改方案，尤其是加强重点家庭分类管理，除了采用分级矫正管理手段外，还需调动上级资源落实三社联动，协同做好重点家庭的督导矫正工作。重点家庭垃圾分类督导表见表 4–9。

表 4–9　　重点家庭垃圾分类督导表

家庭门牌号		家庭户主	
家庭人口		联系电话	
户主单位		污点次数	
楼长		矫正分级	
不规范投放情况表述			
第一次上门记录			
上门辅导人员			
第二次上门记录			
上门辅导人员			
第三次上门记录			
上门辅导人员			

7. 垃圾减量目标管理

垃圾减量是垃圾分类治理成效的最终结果表现，垃圾减量目标管理过程与个人行为矫正目标管理过程密不可分，两者相互依托、融合推进。通过分阶段的个人行为矫正目标管理和垃圾减量目标管理，最终达到无人化管理和垃圾减量化、资源化、无害化。

（1）垃圾减量管理的实施步骤和目标控制

1）采集基础数据。采集社区家庭人口基础数据和垃圾基础数据。

2）确定考核对象。以社区或收集点管辖范围为单元，确定减量考核对象。

3）确定减量目标。可根据收集点所覆盖住宅的种类和户数，确定具体的减量目标。

4）落实阶段性目标。可将阶段性目标大致分为七级减量控制目标，具体如下。

第一级，确保家庭按照厨余垃圾、其他垃圾二袋分类投放，厨余垃圾净重占比 10%~15%，其他垃圾净重占比 90%~85%。

第二级，厨余垃圾开袋投放，厨余垃圾净重占比 20%~25%，其他垃圾净重占比 80%~75%。

第三级，厨余垃圾正确投放，厨余垃圾净重占比 30%~35%，其他垃圾净重占比 70%~65%。

第四级，开展两网融合收集，将高值可回收物纳入回收体系，可回收物净重占比 25%~30%，其他垃圾净重占比 40%~35%。

第五级，开展低值可回收物回收，消灭其他垃圾混装混投现象，厨余垃圾净重占比 45%~50%，其他垃圾净重占比 30%~25%。

第六级，开展绿色低碳生活行动，其他垃圾净重占比 25%~20%。

第七级，实施其他垃圾计量投放，其他垃圾净重占比 20%~15%。

减量指标控制过程表见表 4–10。

表 4–10　　减量指标控制过程表

级别	减量行动	分出量占比	其他垃圾占比
第一级	厨余垃圾、其他垃圾二袋投放	厨余垃圾分出 10%~15%	90%~85%
第二级	厨余垃圾开袋	厨余垃圾分出 20%~25%	80%~75%
第三级	厨余垃圾正确	厨余垃圾分出 30%~35%	70%~65%
第四级	高值可回收物回收	可回收物达到 25%~30%	40%~35%
第五级	低值可回收物回收	可回收物达到 35%~40%	30%~25%
第六级	倡导低碳生活	—	25%~20%
第七级	其他垃圾计量收费	—	20%~15%

根据阶段性减量管理控制目标，进行日常减量宣传、教育、管理、控制，确保每个阶段都能完成控制指标。个人行为矫正目标的控制管理和减量目标的控制管理是相辅相成、互为推进的，个人不良投放行为矫正率越高，社区垃圾减量越大，其逻辑关系图如图 4–6 所示。

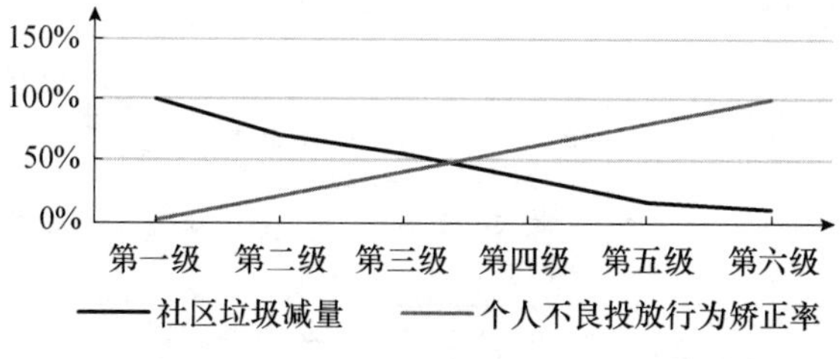

图 4–6　个人不良投放行为矫正率与社区垃圾减量逻辑关系图

（2）垃圾减量目标管理的途径

1）开展低碳生活行动。落实国家绿色低碳生活的倡导，创建“低碳示范社区”，制定低碳社区垃圾减量关键指标体系，落实低碳生活行动计划和垃圾减量措施，确保垃圾减量达标。

2）落实垃圾分类两网融合管理。创新性地做好社区范围内居民再生资源回收工作，确保社区再生资源回收数据以及垃圾收集点可回收物桶回收数据归并统计。

3）落实垃圾分类考核机制。落实厨余垃圾、可回收物、有害垃圾增量和其他垃圾减量的“三增一减”考核机制，狠抓其他垃圾混装混投现象，鼓励购买净菜、饭桌光盘、不使用一次性餐具等。

4）落实低值塑料制品回收。其他垃圾中各类塑料包装、塑料袋、塑料胶带等的体积占比已经超过 70%，应尽可能地将此类低值可回收物洗净、晾干，作为一般可回收物回收。

5）推行生厨余垃圾就地消纳法

①脱水法。用脱水设备对生厨余垃圾进行脱水，可立减 80% 以上的重量。

②酵素法。将洗净的蔬菜叶或果皮等生鲜植物类厨余垃圾放入糖水中（比例是 1 份糖、3 份果蔬、10 份水）制作酵素，可减少 50% 的厨余垃圾重量。

③生物养殖法。养殖蟑螂、黑水虻等，通过蟑螂、黑水虻食用生厨余垃圾，达到厨余垃圾减量的目的。

④堆肥法。将生厨余垃圾沥干，投放到密封处理过的堆肥桶中，并在表面均匀地撒上发酵菌（菌粉适量）进行发酵，直到生厨余垃圾成为有机肥料。

8. 实现无人化值守

通过以上个人行为矫正和垃圾减量控制管理，最终达到居民在无人监管的情况下自觉分类、自觉减量的目的。无人化值守的技术途径可以参考表 4–11 的相关内容。

表 4–11　垃圾减量控制管理的技术实施框架

<table>
<tr><th>目标</th><th colspan="3">技术途径</th><th colspan="3">目标控制过程</th></tr>
<tr><td rowspan="2">（一）
垃圾减量</td><td>第一阶段</td><td>厨余垃圾开袋检查</td><td>厨余垃圾分类是否正确</td><td rowspan="4">不断纠正错误
1. 现场矫正督导
2. 溯源分级矫正
3. 分级比较公示</td><td>厨余垃圾分出量达标</td><td rowspan="4">1. 达到分类正确率目标
2. 达到减量目标</td></tr>
<tr><td>第二阶段</td><td rowspan="3">其他垃圾开袋检查</td><td>是否含厨余垃圾</td><td>厨余垃圾分出量达标</td></tr>
<tr><td rowspan="2">（二）
分类正确、无人值守</td><td>第三阶段</td><td>是否含有害垃圾</td><td>有害垃圾达标</td></tr>
<tr><td>第四阶段</td><td>是否含可回收物</td><td>高值可回收物达标，低值可回收物达标</td></tr>
</table>

在整个垃圾分类减量管理方案中，可通过在收集点现场进行厨余垃圾开袋检查和其他垃圾开袋检查两个动作，依次针对厨余垃圾、有害垃圾、高值可回收物、低值可回收物开展四个阶段的分出率目标考核，不断进行现场矫正督导、溯源分级矫正、分级比较公示，不断地矫正不良投放行为，帮助居民养成自觉分类投放的行为习惯，最终达到垃圾分类和减量的目标，实现无人化值守。

六、宣传与推广

1. 组织各类宣传推广活动

垃圾分类宣传推广活动可采用入户宣传与在线宣传相结合、培训与参观相结合、文宣与文娱相结合、大横幅宣传与小提示牌宣传相结合、“变废为宝”与“碳减排”实践相结合、宣传与桶前督导相结合、宣传与社区治理相结合、宣传与垃圾分类目标管理相结合等模式，把宣传推广活动落到具体实效上去。

（1）入户宣传与在线宣传相结合。入户分发《垃圾分类指导手册》、签订《家庭垃圾分类合约》，做到垃圾分类理念家喻户晓。创建微信公众号、微信群进行在线交流互动，开展随手拍活动曝光不良投放行为，形成线上线下齐抓共管的模式。

（2）培训与参观相结合。组织讲师团进行政策宣贯和分类培训，举办科普讲座，组织居民参观后端处理厂、垃圾分类科普馆等。

（3）文宣与文娱相结合。发挥新闻媒体传播优势，设置专刊、视频号进行系列宣传报道。组织大中型文宣活动，开展形式多样的歌舞表演、互动游戏等活动，活跃垃圾分类气氛。

（4）大横幅宣传与小提示牌宣传相结合。根据垃圾分类阶段性管理任务要求，在社区出入口拉横幅进行宣传，并在收集点挂行为矫正动作提示牌。

（5）“变废为宝”与“碳减排”实践相结合。组织开展旧物共享再利用、生厨余垃圾堆肥、环保酵素制作、屋顶阳台家庭菜园、“变废为宝”等活动，推广两网融合，创建低碳生活社区。

（6）宣传与桶前督导相结合。将垃圾分类结果导向性目标管理与宣传相结合，根据生活社区任务指标，有的放矢地协助垃圾分类督导员开展桶前检查、督导、拍照取证、溯源定位、分级矫正目标管理等工作，助力社区完成任务指标。

（7）宣传与社区治理相结合。将垃圾分类治理融入社区治理范畴，融入社工服务范畴。志愿者、社工分片、分楼、分单元承担垃圾分类目标管理工作，协同开展重点家庭攻关工作。辅导社区创建业委会，引领社区进行垃圾分类自我管理，探索社区垃圾分类自治模式。

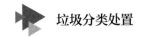

（8）宣传与垃圾分类目标管理相结合。要避免宣传的形式化、表面化问题，将宣传教育的实效落到具体的垃圾分类投放行为考评指标中去；要明确分类投放行为规范，教会居民垃圾分类方法，落实居民分类目标管理；要建立家庭垃圾分类台账，将宣传教育落实到具体的分类达标成果上。

2. 形成多元参与、齐抓共管局面

垃圾分类治理实质上是社区治理的一个组成部分。因此，生活社区的垃圾分类治理首先要坚持党建引领，形成街道办事处、社区居委会、物业服务企业、业委会、志愿者五位一体多元参与、齐抓共管的垃圾分类治理工作局面。其次，要依托三社联动机制，通过社区建设、社会组织培育和社会工作现代化体制，形成资源共享、优势互补、相互促进的局面，形成政府与社会之间互联、互动、互补的新格局。最后，要依托社区营造机制，从社区生活出发，汇聚各种社会力量与资源，通过社区居民的行动，践行自我管理。具体方法如下。

（1）依靠党小组，用“红色”党建引领、带动“绿色”发展。通过街道党员档案库寻找社区党员，通过党建引领，发挥党员示范带头作用，以实际行动影响、带动群众。

（2）创建业委会，形成垃圾分类自我管理新局面。通过业主大会推荐选举业委会，协同物业服务企业共同管理社区垃圾分类。业委会可推荐楼长，组织开展楼栋之间的垃圾分类竞赛活动。通过单元楼责任承包，开展创建绿色单元活动，在单元楼之间开展竞赛，创造垃圾分类“比学赶帮”气氛。有条件的业委会可以通过垃圾分类不良投放行为治理工作，形成核心团队，探索生活社区物业自我管理、自我发展新模式。

（3）创建社区社工公益组织，构建社区服务中心，承接垃圾分类宣传、督导、减量等活动，创新垃圾分类管理模式。

（4）组织社区志愿者，助力垃圾分类活动。积极配合街道办事处招募社区积极分子、志愿者，凝聚社区力量，协同开展垃圾分类督导、入户宣传，引导居民开展垃圾分类工作。

（5）与政府相关部门合作，开展“老手牵大手”活动，组织退休党员、干部，开展老党员、老干部与普通群众一对一辅导活动，通过退休党员、干部带动社区居民进行垃圾分类。

（6）与妇女联合会合作，带动社区妇女参与垃圾分类，组织妇女开展“好姐妹宣讲”“垃圾分类巾帼先行”“共创绿色家庭”“垃圾分类亲子活动”等活动。

（7）与教育局、共青团合作，调动儿童及青少年的积极性。通过走进周边学校开

展“小手拉大手”“争当回收标兵”等家校互动活动，促进儿童及青少年参与垃圾分类，进而带动家庭做好垃圾分类。

（8）与社区所在地企业合作，共建垃圾分类新局面。与社区所在地企业合作，共同开展垃圾分类联合活动，共同打造区域垃圾分类新环境、新局面。

七、项目考核

1. 考核目的

考核目的是追求两个效益：一是追求垃圾投放行为可追溯、可管理、可矫正，达到垃圾分类治理社会效益最大化；二是通过减量指标考核进行资源重新配置，促使垃圾处置量大幅度减少和再生资源回收再利用量大幅度增加，实现垃圾处置总成本的下降和循环经济的增长，追求经济效益最大化。

2. 考核原则

遵循目标管理的考核原则，对所有目标进行量化，用客观数据来衡量。以减量化、资源化目标为导向，形成“一天一巡检、一周一考评、一月一通报、一季一奖惩、一年一表彰”的长效化考核制度。以取得实际成效为落脚点，对号入座，奖惩分明，形成刚性压力。

3. 考核体系

生活垃圾分类项目目标考核体系由横向考核、纵向考核和第三方考评构成。

（1）横向考核。横向考核是指按照垃圾分类投放、分类收集、分类收运、分类处置四个环节，分别进行考核。

1）分类投放考核。分类投放考核的目标是单位、居民区个人垃圾分类投放正确率（行为矫正率）情况。重点检查单位和居民区管理责任主体是否建立《单位垃圾分类台账》《家庭垃圾分类台账》，以及知晓率、参与率、分类正确率、家庭分类达标率情况，确保源头分类正确。

2）分类收集考核。分类收集考核对象主要是单位、居民区垃圾分类收集点对垃圾分类目标管理的落实情况，重点检查收集点管理责任主体对运营类、结果导向类、综合管理类指标的落实情况。

①运营类（占比 30%）指标。运营类指标主要反映单位、居民区垃圾分类实施方案的落实情况，常用的指标有月督导任务完成率、月溯源任务完成率、月分级矫正任务完成率、家庭垃圾分类台账完好率、单位或家庭达标占比率、单位或居民区分类行

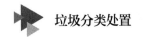

为矫正态势表完好率。

②结果导向类（占比 60%）指标。结果导向类指标主要反映单位、居民区垃圾分类项目目标的实际完成情况。主要围绕“三增一减”指标进行月度考核，常用的指标有可回收物回收量增长率、有害垃圾回收量增长率、厨余垃圾回收量增长率、其他垃圾收运量下降率等。

③综合管理类（占比 10%）指标。综合管理类指标主要反映以下情况：一是收集点正常开放、关闭，“八有八无”，不定点投放的情况；二是收集点水、电、监控网络，以及垃圾桶、辅助工具、物料等完好率情况；三是督导员穿戴是否规范整齐、是否开袋检查、是否开口督导、操作是否规范等情况；四是宣传资料、管理制度上墙情况；五是有无被媒体曝光的不良事件、投诉或被通报批评的事件，以及用户满意度情况。六是统计报表数据的真实性、准确性、完整性情况。

3）分类收运考核。分类收运考核的对象主要是城管部门指定的垃圾分类收运机构，应对其垃圾收运质量情况进行考核，通常考核以下七个方面。

①收运人员是否穿工作服，收运车是否密闭、整洁、完好以及有无明显的标识。

②收运车是否在规定的时间范围内到达现场，有无超时现象。

③进行收运作业时，收运车是否靠边贴墙停，是否让出必要的交通通道。

④收运时是否检查垃圾桶分类情况，是否存在混收混运现象。

⑤收运过程中，是否在装载区域地面铺设垫布，是否存在野蛮装卸现象，是否对收运点遗留的垃圾和污水进行清理，是否做到车离地净、桶净、桶归边就角排列整齐。

⑥运输时是否存在车体夹带垃圾、垃圾爆满、装载超高、加罩不严、篷布未绑带或未绑紧等现象，是否存在沿途“滴、撒、漏”现象。

⑦收运记录完整率情况。

4）分类处置考核。分类处置考核主要考核厨余垃圾处理厂、其他垃圾焚烧厂、再生资源分拣中心、有害垃圾处理厂、建筑垃圾处理厂的处置合规率情况。后端处置环节重在垃圾回收再利用、变废为宝，是垃圾分类活动的最后一个环节，其考核要素主要包括以下两个方面。

①是否把好各类再生资源回收入厂质量关。在进厂入口环节，是否落实收运废弃物质量检查，不得接收未分类、混装的收运车进厂。

②垃圾处理厂在整个加工处理过程中是否严格遵守国家环境保护相关标准要求，是否有严格的无害化处理流程以及无害化处理是否达标。例如，在其他垃圾焚烧处理过程中，应定期对焚烧处理品质（如烟气指标、炉膛温度、炉渣灼减率等）、设备检测维护（如地磅、电子汽车衡、烟气检测系统等）、运营管理（如运行工况、数据资料、检修计划、环保措施、安全卫生、飞灰收运等）等方面进行监督检查；应对飞灰固化

处理过程的标准性，飞灰固化物中的二噁英、重金属等污染物检测和含水率检测，以及设备运行情况进行监督检查；应对处理后渗滤液各项污染指标及设备运行情况进行监督检查；应对产生的渗滤液、污水、烟气、灰飞、炉渣等进行无害化处理，确保各类指标达标。

（2）纵向考核。纵向考核主要分为区（县）、街道、社区、收集点四个层面的考核，主要反映区（县）垃圾分类主管部门、街道办事处、社区居委会、物业管理责任主体管理垃圾分类的情况，其考核重点内容可参考表 4–12。

表 4–12　　部分纵向管理机构考核内容

组织	大类	小类
区（县）	结果导向类	厨余垃圾占比
		其他垃圾减量率
		可回收物增量率
		垃圾收运及时率、满溢率
		全区（县）达标家庭占比
	管理类	重点、难点问题解决率
		物业管理责任主体达标率
		街道考评及资金拨付及时率
街道	结果导向类	厨余垃圾占比
		其他垃圾占比
		可回收物占比
		达标家庭占比
		资金拨付及时率
	管理类	达标社区占比
		达标物业管理责任主体占比
		垃圾分类运营支撑满意率
社区	结果导向类	厨余垃圾占比
		其他垃圾占比
		可回收物占比
		达标家庭占比
	管理类	未实行物业管理社区满意率
		单位、公共场所达标率
		物业管理责任主体达标率

（3）第三方考评。第三方考评是指利用第三方专业的垃圾分类服务评价机构、物业管理评价机构或数字城市管理评价机构，针对单位、居民区垃圾分类投放收集点运营情况进行第三方暗访，从而得出客观性的综合评价。第三方考评的综合评价体系指标分为现场操作类指标、现场管理类指标、实际成果类指标、综合评价类指标。

1）现场操作类指标。现场操作类指标包括开袋检查率、开口督导率、可回收物投放引导率。

2）现场管理类指标

①收集点正常开放、关闭，“八有八无”和不定点投放情况。

②收集点水、电、监控网络，以及垃圾桶、辅助工具、物料等完好率情况。

③督导员穿戴是否规范整齐、服务是否规范等情况。

④宣传资料、管理制度上墙情况。

⑤分类投放红黑榜公示情况。

⑥群众满意率情况。

⑦是否做与督导工作无关事务。

3）实际成果类指标

①厨余垃圾达标率。按照当地人均厨余垃圾净重计算，判断是否达标。

②其他垃圾混装混投率（开袋检查）。抽查其他垃圾桶，或每桶开袋检查不少于10包，判断是否达标。

③低值可回收物分出率。抽查其他垃圾桶，核实低值可回收物分出率，进而确定其他垃圾减量率。

4）综合评价类指标。综合评价类指标具体反映以下情况。

①垃圾分类体制、机制建设情况。

②推动源头减量举措情况。

③分类投放、分类收集、分类收运情况。

④组织动员、宣传教育活动开展情况。

⑤基层组织建设、社区治理相结合情况。

⑥文明习惯养成、行为矫正落实情况。

⑦保障措施、考核与奖惩落实情况。

八、考核结果的应用

1. 工作绩效依据

根据目标管理考核规定，将考核结果直接用于日常工作绩效评价。

2. 资源分配依据

将目标导向类指标完成情况作为垃圾分类资源分配的依据，从而倒逼管理责任主体尽心尽责开展垃圾分类治理工作。

（1）可回收物占比考核及激励。可回收物占比大于 25% 视为合格，不扣分；可回收物占比大于 30% 视为良好，每千克奖励 ×× 元；可回收物占比大于 35% 视为优秀，每千克奖励 ×× 元。

（2）厨余垃圾分出量考核及激励。考核公式如下：

$$A=R\times M\times N$$

式中 A——厨余垃圾每天分出量，千克每天；

R——社区总人口，人；

M——预测城市每天人均生活垃圾产量，千克每人每天；

N——预测城市家庭户日均厨余垃圾产生量占比，%。

若厨余垃圾每天分出量大于 A 则视为达标，且每高出 1% 奖励一定金额。

（3）其他垃圾减量考核及激励。例如，当其他垃圾占比小于本区域其他垃圾占比的平均值时，则每减少 1% 奖励一定金额。

3. 积分运营应用

将考核结果应用在积分体系之中。正向积分可以用于兑换商品、抵扣物业费、获得抵扣券或文娱门票，也可以作为各类表彰、授牌的依据。反向积分可以用于分类投放红黑榜、市民诚信污点记录和垃圾分类行政处罚的依据。

4. 与个人、企业信用评价挂钩

建议将考核结果与个人、企业信用评价挂钩，因考核结果差导致信用等级低的可列入城市个人、企业信用黑名单。

九、法律责任

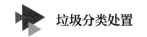

《城市生活垃圾管理办法》对违反生活垃圾分类相关规定的做出如下规定。

1. 单位和个人未按规定缴纳城市生活垃圾处理费的，由直辖市、市、县人民政府建设（环境卫生）主管部门责令限期改正，逾期不改正的，对单位可处以应交城市生活垃圾处理费 3 倍以下且不超过 3 万元的罚款，对个人可处以应交城市生活垃圾处理费 3 倍以下且不超过 1 000 元的罚款。

2. 未按照城市生活垃圾治理规划和环境卫生设施标准配套建设城市生活垃圾收集设施的，由直辖市、市、县人民政府建设（环境卫生）主管部门责令限期改正，并可处以 1 万元以下的罚款。

3. 城市生活垃圾处置设施未经验收或者验收不合格投入使用的，由直辖市、市、县人民政府建设（环境卫生）主管部门责令改正，处工程合同价款 2% 以上、4% 以下的罚款；造成损失的，应当承担赔偿责任。

4. 未经批准擅自关闭、闲置或者拆除城市生活垃圾处置设施、场所的，由直辖市、市、县人民政府建设（环境卫生）主管部门责令停止违法行为，限期改正，处以 1 万元以上、10 万元以下的罚款。

5. 随意倾倒、抛撒、堆放城市生活垃圾的，由直辖市、市、县人民政府建设（环境卫生）主管部门责令停止违法行为，限期改正，对单位处以 5 000 元以上、5 万元以下的罚款。个人有以上行为的，处以 200 元以下的罚款。

6. 国家机关工作人员在城市生活垃圾监督管理工作中，玩忽职守、滥用职权、徇私舞弊的，依法给予行政处分；构成犯罪的，依法追究刑事责任。

学习单元 4

优秀案例介绍

一、厦门经验要点

1. 注重顶层规划设计，实行全方位保障

由市委书记亲自挂帅领导，成立市政府联席办公室，统筹全市各部门力量，横向联系各相关局委办，纵向管理市、区、街道、社区，实行四级联动、统一管理。全面贯彻“五全”工作法，即全民参与、全部门协作、全流程把控、全节点攻坚、全方位保障，通过目标牵引、问题导向、难题破解、逐个攻关等手段，分阶段、分步骤推进。

2. 基层组织齐全，全民动员到位

在具体实施方面，每个街道办事处配备 5 名、每个社区居委会配备 3 名垃圾分类管理人员，社区每 300 户配 1 名专职垃圾分类督导员，自上而下形成一个强大的垃圾分类团队。同时，社区居委会直接从小区业委会入手，发挥社区自治动力，调度物业服务企业积极性，使政府“神经末梢”直接通达社区每户家庭。

3. 资金和设施供给到位

市财政部门将专项资金直接下达到街道办事处，全市统一发放垃圾袋、垃圾桶等家庭垃圾分类设施，全市统一制作各类宣传栏、广告牌、电视广告，确保垃圾分类所需的资金和设施供给到位，做到兵马未动粮草先行。

4. 全市统一标准、统一规范

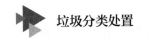

在社区内做到宣传统一、垃圾分类督导员统一、设施布放统一、管理制度统一、考核考评统一。

5. 进行立体式大宣传

组建志愿者队伍 302 支，组织 2 000 余场次 6 万余人次深入社区、商场、车站等场所开展志愿服务活动；组织全市 346 家机关事业单位和各界群众 190 万余人次参与网络垃圾分类知识竞赛；从学校课本、公共交通工具、公共场所、商场、社区、楼道，到广播电台、电视台形成立体式宣传；社区因地制宜开展多种形式的垃圾分类宣传活动，如每户发垃圾桶、二维码垃圾袋，开展“小手拉大手”活动，在社区群内发宣传信息等，深入千家万户做好宣传工作。

6. 注重招募本地化督导团队

充分发挥居委会自治功能，由居委会征召管理本社区的垃圾分类督导员、志愿者，由于本地化督导团队熟悉社区情况，掌握垃圾分类投放行为人的家庭门牌信息，因此更容易传导垃圾分类压力，更容易做到精准管理。

7. 破解难题、逐个攻关、循序渐进

街道办事处每周派工作人员下基层了解难点问题，组织召开现场会，逐个解决难点问题，完善方案，设立阶段目标，循序渐进不断推进垃圾分类治理工作。

8. 推出大件垃圾分流、低值可回收物补贴政策

全市设立大件垃圾处理厂，低值可回收物分拣中心，出台低值可回收物补贴政策，最大限度地通过后端发力带动前端分类、分流、减量。

9. 建立单位内部垃圾分类“一张榜”公示和无盲区监督检查、轮流监督检查制度

推行“管行业必须管垃圾分类”机制，协同市垃圾分类中心，采取不打招呼、不设盲区、不定路线的方式，开展随机性、经常性明察暗访，并结合检查情况，以 2% 的权重将垃圾分类纳入年度绩效考评，并进行“一张榜”公示。将垃圾分类考评结果纳入物业服务企业的垃圾分类信用积分体系，与物业服务企业的选用挂钩。

二、上海经验要点

1. 制定简单易行的分类方法

推出简单易懂易学的“一严禁、两分类、一鼓励”家庭垃圾分类方法：严禁将有害垃圾混入其他各类生活垃圾，推进居民家庭干、湿垃圾二分类，鼓励居民将旧报纸、易拉罐、旧衣服等残值较高的可回收物通过售卖方式纳入再生资源回收利用体系，引导居民将啤酒瓶、酱油瓶等低值可回收物交至两网融合服务点或可回收物收集点，不断提高湿垃圾、可回收物的分出占比。

2. 落实分类投放管理责任人责任

实行物业管理的住宅社区，物业服务企业是生活垃圾分类投放管理责任人；未实行物业管理的，社区所在居（村）委会应承担分类投放管理责任人义务。通过格式合同引导、促进业委会将设置分类收集容器、配置分类驳运机具、实行分类投放管理等服务内容写入合同，并对物业服务企业履行分类投放管理责任人义务提供应有的便利及相应的收益保障。发挥居（村）民自治组织作用，通过制定并落实居民守则、乡规民约等措施，引导居（村）民做好生活垃圾分类。

3. 将垃圾分类纳入属地物业长效化管理机制

落实街道（镇）属地主体责任，落实街道（镇）对辖区内居民区、单位的垃圾分类工作进行组织、指导、监督的职责，将垃圾分类治理列入单位属地物业长效化管理清单，纳入小区美丽家园行动计划。将垃圾分类收集容器规范化、道路废物箱规范化、分类投放实效管理等分别纳入网格化管理部件和事件内容。

4. 推行“定时定点”投放和绿色账户规范管理

按照生活垃圾分类和“绿色账户”同步推进要求，全面落实居民区垃圾分类的“定时、定点、定类、定员”制度（非定时、定点服务期间，开放误时分类投放点），通过定时、定点投放，规范居民的垃圾分类行为，提升源头分类实效。

5. 全面落实以党政机关为示范引领的单位生活垃圾强制分类

建立党政机关和国有单位生活垃圾强制分类责任制。持续强化对单位生活垃圾分类投放实效等的执法检查工作，将单位生活垃圾强制分类执行情况纳入文明单位年度社会责任报告，将垃圾分类行为规范教育纳入单位职工文明教育的重要内容。

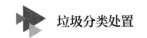

6. 全面重构可回收物专项收运系统

各区落实可回收物全程运营主体企业，按照《上海市两网融合回收体系建设导则（试行）》，做到“点、站、场”规范经营。对于无法落实集散场建设的中心城区，由上海城投（集团）有限公司予以托底保障。

7. 构建信息化监管平台

上海推进“一网统管”，通过“人工 + 智能”模式，依托政务信息系统，做到垃圾分类问题的巡查、整改、核查全过程管控，精确到每一个环节的每一位工作人员。建立面向公众的垃圾分类混装混运监督举报平台，制定举报规则、奖励规则，鼓励市民参与垃圾分类监督工作。

8. 把好收运质量检查关，形成倒逼机制

持续强化对单位生活垃圾分类投放实效等的执法检查工作，严格执行“不分类、不收运”的倒逼机制。制定与分类实效相挂钩的单位生活垃圾差别化收费机制，形成“有效分类少付费，不分类或分类不到位多付费”的收费标准。

三、深圳经验要点

深圳垃圾分类以提高居民的参与率和回收利用率为目标，率先建立法规和标准，通过健全市、区、街道、社区四级垃圾分类组织管理架构，建立全市九大垃圾分流分类体系，运用“四抓两推一量化”和“四个一”的工作方法，形成深圳独具特色的垃圾分类模式。深圳经验要点如下。

1. 标准化、法制化先行

围绕垃圾分类处理出台一个地方性法规《深圳生活垃圾分类管理条例》，四个地方标准《餐厨垃圾处理企业安全管理要求》（DB4403/T 72—2020）、《生活垃圾分类设施设备配置规范》（DB4403/T 73—2020）、《住宅区生活垃圾分类操作规程》（DB4403/T 74—2020）、《国际航行船舶卸载垃圾卫生监督规程》（DB4403/T 143—2021），以及四个规范性文件《深圳市公共场所生活垃圾分类设施设置及管理规定（试行）》《深圳市生活垃圾分类和减量管理办法》《深圳市推进生活垃圾分类工作激励办法》《深圳市生活垃圾分类投放指引》，形成完备的垃圾分类管理规范体系。

2. 形成一套高效的责任落实体系

建立垃圾分类责任落实体系，通过抓统筹、抓落地，逐步形成“四抓两推一量化”和“四个一”的工作方法。“四抓”，即“市抓区、区抓街道、街道抓社区、社区抓社区”，市级统筹、区级组织、街道实施、社区落实，发现问题及时督促整改，一级抓一级，层层抓落实，层层传导压力。“两推”，即全面推行垃圾分类设施全覆盖和规范化建设，及时推广基层先进工作经验。“一量化”，即以提高居民参与率、生活垃圾回收利用率为目标，建立健全垃圾分类量化考核评价机制。“四个一”，即“一周一调度、一月一排名、一季一通报、一年一考核”的工作制度。

3. 采用“以奖代补”的激励方式

与其他城市单纯以“罚”为主不同，市、区财政每年安排补助资金，采用“以奖代补”的方式，给予“生活垃圾分类好家庭”通报表扬并补助资金 2 000 元。获得该项荣誉的家庭优先申报参评“深圳市文明家庭”“深圳市最美家庭”等，“生活垃圾分类积极个人”及“生活垃圾分类绿色社区”可分别获得 1 000 元和每千户 10 万元的补助。

4. 建立九大分流分类体系

根据地方特点对量大且集中的厨余垃圾、餐厨垃圾、玻金塑纸、绿化垃圾、年花年橘、果蔬垃圾、废旧家具、废旧织物、有害垃圾实行大分流，做到不同的垃圾由不同的企业实行专车专运、分类处理。

5. 推广便民废品收购疏导点模式

在合适的区域设定流动便民废品收购疏导点，实现废品“定时、定点、定人、定车”收运。

6. 年花年橘处置

春节购买年花年橘是深圳市的风俗，每年春节一过，就会产生大量的年花年橘垃圾。市政府专门委托两家专业公司，开展废弃年花年橘预约收运工作。市政府把塘朗山垃圾分类环境生态园内的 200 多亩已封场的垃圾填埋场土地拿出来当作年花年橘的回植场所，引进先进的滴灌技术，对回收年花年橘进行二次移植栽培，既处置了年花年橘，又美化修复了生态园。

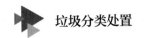

7. 资源化率、减量率效果明显

2021年，深圳垃圾量相较去年同期实现“三增一减”：可回收物日均分类回收量增长34.3%，有害垃圾日均分类回收量增长28.2%，厨余垃圾日均分类回收量增长90.4%，其他垃圾日均处置量下降6.1%。生活垃圾回收利用率已达到45%。

8. 全民大宣传、大发动模式

2017年，深圳市政府向每户家庭发放《家庭生活垃圾分类投放指南》，实施公众教育的“蒲公英计划”，组建百名志愿讲师团队伍，足迹遍布全市各大社区、学校、单位，开展5 731场“垃圾分类微课堂”，对22万人次进行培训。同时建成4个市级垃圾分类科普教育基地、17个垃圾分类科普场馆、实现全市741所中小学校示范创建工作全覆盖。发动11 407名垃圾分类督导员在全市3 508个社区进行常态化定时、定点现场督导。建立全国首个垃圾分类督导预约平台，举办“以红色力量引领绿色生活”为主题的“垃圾分类百分百行动”，评选出垃圾分类“百优社区”和十个“百分书记”。

9. 落实管理责任制，形成强制和激励双重效应推动模式

一是全面落实垃圾量大且集中的物业服务企业、集贸市场、餐饮酒楼、机关企事业单位等管理主体责任，加大对其执法检查力度，实行强管理模式。二是对住宅社区、家庭、个人、单位的垃圾分类推行以奖代补、激励引导模式，起到很好的成效。

四、实践经验总结

2022年7月18日，《中国建设报》刊登题为《“一五三”让垃圾分类行稳致远》的文章，该文章指出：从2016年年底我国普遍推行垃圾分类制度以来，经过近6年的生活垃圾分类探索，全国各地逐步形成了较好地实践经验，但仍然大量存在分类积极性不高、分类体系不完善、分类成效不明显等突出问题。总结近年来试点城市及各地区推进垃圾分类工作的实践经验和面临的典型问题，坚持“一个统筹、五个先行、三个保障”，是强力推进城市生活垃圾分类工作的必由之路。

坚持“一个统筹”，全部门联手合力推进分类工作。落实地方党政同责，细化部门职责分工，逐步形成政府负责，国家发展改革委、住房城乡建设部、生态环境部三部门合力推进的责任体系；统筹财政部、教育部、商务部、自然资源部、科技部、工业和信息化部、农业农村部等相关部门分工落实，形成“一级抓一级、层层抓落实”的工作格局。

坚持“五个先行”，全系统搭建垃圾分类“四梁八柱”。一是坚持专项规划先行。

编制城市生活垃圾分类相关规划，完善顶层制度设计。二是坚持试点示范先行。因地制宜地打造一批特色化示范项目，形成一套示范模式，总结出可复制、可推广的经验，对垃圾分类工作形成引领。三是坚持设施建设先行。开展垃圾处置设施补短板工作，加快厨余垃圾处置设施建设，通过末端设施建设倒逼前端分类。四是坚持标准规范先行。制定垃圾分类示范区、示范片区、小区、公共机构等标准规范，指导居民科学分类。五是坚持宣传引导先行。制定垃圾分类宣传工作方案，开展垃圾分类宣传、观摩、评比等活动，推进垃圾分类进校园、进社区、进家庭，全面普及垃圾分类知识，培养居民文明习惯及公共意识。

坚持“三个保障”，全方位保障垃圾分类工作行稳致远。一是机制保障。完善生活垃圾分类评估办法，开展调研评估，督导任务落实。二是资金保障。制定资金配套政策，支持示范建设。三是组织保障。印发垃圾分类工作方案，成立工作领导小组，组建专班负责。把垃圾分类纳入基层党建、文明创建等领域，开展垃圾分类进机关、进学校、进社区，激发群众参与热情，推动垃圾分类大众化、精细化。

测试题

一、填空题（请将正确答案填在括号中）

1. 生活垃圾治理要遵循政府主导、全民参与、城乡统筹、（　　）、因地制宜、（　　）的原则，实行（　　）、资源化、无害化和“谁产生、谁依法负责”的原则。

2. 物业管理责任主体应做到对不规范投放行为人的（　　）管理。

3. 项目管理是指在有限资源的约束下，运用系统的观点、方法和理论，对项目涉及的全部工作进行（　　）的管理，以期实现项目目标。

4. 垃圾分类治理的最终目的是实现人们在无人监督情况下的（　　）、自觉减量。

5. 项目风险管理是指在项目目标管理过程中对存在的（　　）进行管控。

二、判断题（下列判断正确的请打“√”，错误的请打“×”）

1. 垃圾分类考评内容应该是详细的、可量化、跟经济指标无关的。（　　）

2. 垃圾分类正确率，主要是指厨余垃圾分类纯度。（　　）

3. 生活社区垃圾分类管理责任主体是环境卫生管理部门。（　　）

4. 分级矫正管理主要是对不遵守垃圾分类投放要求的行为人进行管理。（　　）

5. 垃圾减量主要是依靠政府进行供给侧改革，推行生产者责任延伸制度，减少一次性制品的供给来实现。（　　）

三、单项选择题（选择一个正确的答案，将相应的字母填入题内括号中）

1. 垃圾分类考核的结果导向类指标包括（　　）。

A. 厨余垃圾占比、其他垃圾减量率、可回收物占比情况

B. 管理机制落实情况、设施建设完好率情况、信息报送情况

C. 误时投放情况、厨余垃圾分类正确率、收运及时率

D. 收集点环境卫生、厨余垃圾分类正确率、收运及时率、群众满意率

E. 知晓率、参与率、厨余垃圾分类正确率、收运及时率

2. 垃圾分类考核目的是追求（　　）。

A. 社会效益最大化、经济效益最大化

B. 减量效益最大化、生态效益最大化

C. 环境治理成效最大化、社会治理效益最大化

D. 垃圾焚烧最大化、垃圾分流最大化

E. 环境治理最大化、人文建设最大化

3. 分级矫正方式依次是（　　）。

A. 电话告知、物业约谈、红黑榜上榜、社企联动矫正、街道行政处罚、市民诚信污点记录

B. 电话告知、物业约谈、红黑榜上榜、街道行政处罚、市民诚信污点记录、社企联动矫正

C. 电话告知、物业约谈、社企联动矫正、红黑榜上榜、街道行政处罚、市民诚信污点记录

D. 电话告知、红黑榜上榜、物业约谈、社企联动矫正、街道行政处罚、市民诚信污点记录

E. 电话告知、物业约谈、红黑榜上榜、社企联动矫正、市民诚信污点记录、行政处罚

4. 垃圾分类行政处罚的法律依据是（　　）。

A. 街道垃圾分类管理规定

B. 社区垃圾分类管理规定

C. 物业垃圾分类管理细则

D. 地方政府制定的垃圾分类管理条例

E. 分类企业制定的垃圾分类管理规定

四、多项选择题（下列每题的选项中，至少有 2 项是正确的，请将相应的字母填入题内括号中）

1. 生产者责任延伸制度是指将生产者对其产品承担的资源环境责任从生产环节延伸到产品（　　）等全生命周期。

A. 设计　　B. 运输　　C. 流通消费　　D. 回收利用

E. 废物处置

2. 个人垃圾分类行为可通过建立比较公示制度进行约束，即尽可能将不良投放行为曝光，具体曝光方式包括（　　）等。

A. 积分榜　　B. 分类投放红黑榜

C. 不规范投放行为记录公示　　D. 社区考评公示

E. 达标家庭评选

3. 垃圾减量目标管理的途径包括（　　）。

A. 落实垃圾分类两网融合管理　　B. 垃圾就地焚烧

C. 推行生厨余垃圾就地消纳　　D. 落实低值可回收物回收

E. 推广绿色低碳生活

4.（　　）属于生厨余垃圾就地消纳法。

A. 生物养殖法　　B. 喂养宠物　　C. 脱水法　　D. 酵素法

E. 堆肥法

测试题参考答案

一、填空题

1. 属地管理　简便易行　减量化　2. 分级矫正　3. 有序有效　4. 自觉分类　5. 不确定性因素

二、判断题

1. ×　2. ×　3. ×　4. √　5. ×

三、单项选择题

1. A　2. A　3. B　4. D

四、多项选择题

1. ACDE　2. ABE　3. ACDE　4. ACDE

附录1　垃圾分类处置专项职业能力考核规范

一、定义

垃圾分类处置是指运用垃圾分类标准知识及相关的法律、法规、政策，落实垃圾减量化、资源化和无害化处置，在垃圾定点收集场所对居民投放的分类垃圾进行检查、督导、管理，引导居民养成自觉进行垃圾分类的习惯，为中端的垃圾分类收运和后端的分类处置工作的顺利开展提供基本保障。

二、适用对象

运用或准备运用本项能力求职、就业的人员，以及垃圾分类收集、分类处置相关岗位从业人员。

三、能力标准与鉴定内容

能力名称：垃圾分类处置　　　　　　　　　　　　职业领域：

工作任务	培训目标	相关知识	考核比重
（一）宣传	1. 能掌握我国垃圾分类发展历程 2. 能掌握开展垃圾分类的政策背景 3. 能了解国内外垃圾分类推广经验 4. 能了解垃圾与地球生态环境、碳中和之间的关系 5. 能了解环境保护法基本原则 6. 能了解开展垃圾分类的意义 7. 能掌握垃圾分类宣传的基本常识	1. 我国垃圾分类发展历程 2. 垃圾分类政策背景和治理机制 3. 先进国家垃圾分类的推广经验 4. 垃圾与地球生态环境、碳中和的相关知识 5. 我国环境保护法基本原则 6. 不分类危害、分类好处以及开展垃圾分类的意义	20%
（二）检查	1. 能掌握垃圾分类基本常识 2. 能掌握生活垃圾分类标准 3. 能掌握易混淆、易分错垃圾的分类 4. 能掌握低值可回收物分类标准 5. 能熟悉垃圾分类相关设施 6. 能熟悉垃圾分类管理指标体系 7. 能掌握垃圾分类投放技能	1. 垃圾分类基础知识 2. 生活垃圾分类标准 3. 再生资源基础知识 4. 再生资源回收标准 5. 再生资源回收体系 6. 疑难垃圾辨识方法 7. 垃圾分类考核指标 8. 垃圾分类投放知识	25%

续表

工作任务	培训目标	相关知识	考核比重
（三）督导	1. 能掌握家庭垃圾分类管理技能 2. 能掌握收集点督导管理技能 3. 能熟悉督导工作规范和掌握操作技能 4. 能熟悉督导服务规范和掌握沟通技巧 5. 能掌握垃圾收运、处置管理技能 6. 能掌握突发事件应急处理技能 7. 能了解不同场景垃圾分类管理规定	1. 家庭、个人垃圾分类要求 2. 收集点建设和管理基本要求 3. 督导工作规范和作业流程 4. 督导服务规范和沟通技巧 5. 垃圾收运、处置工作要求 6. 突发事件应急处理常识 7. 不同场景垃圾分类管理要求	30%
（四）管理	1. 能了解垃圾分类治理体系 2. 能了解垃圾分类管理组织体系 3. 能掌握项目目标管理方法和工具 4. 能掌握垃圾分类目标管理技能和途径 5. 能掌握垃圾分类宣传推广方法和技能 6. 能掌握垃圾分类目标考核技能	1. 垃圾分类治理基础常识 2. 垃圾分类管理组织体系 3. 项目管理基础知识和管理工具 4. 垃圾分类目标管理常识和方法 5. 垃圾分类宣传推广方法 6. 垃圾分类考核和应用体系 7. 垃圾分类优秀案例	25%

四、鉴定要求

（一）申报条件

达到法定劳动年龄，具有相应技能的劳动者均可申报。

（二）考评员构成

考评员应具备一定的垃圾分类处置专业知识及操作经验；每个考评组中不少于3名考评员。

（三）鉴定方式与鉴定时间

鉴定方式采取线上机考方式。鉴定时间不少于90分钟。

（四）鉴定场地与设备要求

1. 场地要求：教室场地光线充足、整洁无干扰，空气流通较好，具有安全防火措施。

2. 设备要求：普通计算机。

附录 2　垃圾分类处置专项职业能力培训课程规范

培训任务	学习单元	培训重点难点	参考学时
（一）垃圾分类背景宣传常识	学习单元 1　我国垃圾分类发展历程	重点：新时代垃圾分类特征 难点：垃圾分类管理机制	4
	学习单元 2　发达国家的经验	重点：发达国家垃圾分类经验总结 难点：发达国家垃圾分类特点	
	学习单元 3　垃圾分类与保护地球	重点：碳中和的意义和实现路径 难点：环境保护法基本原则	
	学习单元 4　垃圾分类的意义	重点：垃圾不分类的危害 难点：垃圾分类的好处	
（二）垃圾分类检查技能	学习单元 1　生活垃圾分类	重点：垃圾分类标准 难点：疑难垃圾分类	4
	学习单元 2　再生资源回收	重点：再生资源的分类 难点：再生资源的回收体系建设	
	学习单元 3　生活垃圾分类投放收集点基础设施配置	重点：垃圾分类标志 难点：数据采集	
	学习单元 4　垃圾分类检查知识	重点：垃圾分类四大环节 难点：垃圾分类考核指标体系	
	学习单元 5　垃圾分类投放技能	重点：垃圾分类投放要求 难点：有害垃圾投放及存放	
（三）垃圾分类工作标准	学习单元 1　投放环节	重点：个人分类行为管理 难点：个人分类行为约束	6
	学习单元 2　收集环节	重点：收集点设施配置要求 难点：收集点管理要求	
	学习单元 3　督导环节	重点：岗位职责、作业流程及要求 难点：突发事件应急处理与不同群体督导技能	

续表

培训任务	学习单元	培训重点难点	参考学时
（三）垃圾分类工作标准	学习单元4　收运与处置环节	重点：分类垃圾收运管理 难点：垃圾处置管理要求	
	学习单元5　不同场景垃圾分类管理	重点：不同场所垃圾分类管理要求 难点：两网融合收集点管理要求	
（四）垃圾分类项目管理方法及案例	学习单元1　垃圾分类治理的原则、目标和途径	重点：垃圾分类治理原则 难点：减量化、资源化、无害化的途径	6
	学习单元2　垃圾分类管理组织体系	重点：各级行政管理单位垃圾分类管理职责 难点：生活社区垃圾分类管理责任主体职责与监管	
	学习单元3　垃圾分类项目管理	重点：项目目标管理基本原理及实施流程，个人行为目标管理与生活社区目标管理，垃圾分类宣传与推广 难点：个人行为矫正目标管理和垃圾减量目标管理	
	学习单元4　优秀案例介绍	重点：各城市垃圾分类治理亮点 难点：垃圾分类实践经验总结	
总学时			20

注：参考学时是培训机构开展的理论教学及实操教学的建议学时数，包括岗位实习、现场观摩、自学自练等环节的学时数。